电力系统自动化与智能电网

王　轶　李广伟　孙伟军　主编

吉林科学技术出版社

图书在版编目（CIP）数据

电力系统自动化与智能电网 / 王轶，李广伟，孙伟军主编. -- 长春：吉林科学技术出版社，2020.9
ISBN 978-7-5578-7528-2

Ⅰ. ①电… Ⅱ. ①王… ②李… ③孙… Ⅲ. ①电力系统自动化②智能控制—电网 Ⅳ. ① TM76

中国版本图书馆 CIP 数据核字（2020）第 186457 号

电力系统自动化与智能电网

主　　编	王　轶　李广伟　孙伟军
出 版 人	宛　霞
责任编辑	隋云平
封面设计	李　宝
制　　版	宝莲洪图
幅面尺寸	185mm×260mm
开　　本	16
字　　数	220 千字
印　　张	10.25
版　　次	2020 年 9 月第 1 版
印　　次	2020 年 9 月第 1 次印刷
出　　版	吉林科学技术出版社
发　　行	吉林科学技术出版社
地　　址	长春净月高新区福祉大路 5788 号出版大厦 A 座
邮　　编	130118

发行部电话／传真　0431—81629529　　81629530　　81629531
　　　　　　　　　　81629532　　81629533　　81629534

储运部电话　0431—86059116

编辑部电话　0431—81629520

印　　刷　北京宝莲鸿图科技有限公司

书　　号　ISBN 978-7-5578-7528-2

定　　价　52.00 元

前　言

在全面建设小康社会的大背景下，我国的经济获得了飞速的发展，市场化建设不断成熟，城市化建设不断完善。这些进展都离不开电力网络的支持，我国的电力系统，也随着社会经济的进展同步发展和提高。在科学技术不断进步，互联网技术广泛使用的今天，智能电网这一概念也被提出，并成为了电网系统建设的一个方向。本书主要论述了电力系统自动化与智能电网的相关问题。

电力系统本身是一个复杂庞大的系统，他本身涉及多个组成部分，同时分布地域辽阔。它的功能是将自然界的一次能源通过发电动力装置转化成电能，再经输电、变电和配电将电能供应到各用户。而电力系统自动化是我们电力系统一直以来追求的发展方向。在智能电网建设的过程中，电力系统自动化主要设涉及电网的配电环节。通过将自动化技术与现在科技中的智能化技术做出有效的结合，通过电力系统自身，对电力系统运行状况做出实时监测，并报告相关数据和问题，根据系统自身的智能判断，最终做出有效的配电决策。

社会经济的飞速发展，离不开电力的稳定供应。电力企业自身的发展，离不开自身电力系统的建设，电力系统进行自动化建设，同时应用智能电网技术，电力系统通过进行自动化，结合智能电网的智能化监控运行，不仅能够保证电力供应的稳定，安全和高效，还能够缩减企业相关的成本投入，促进企业自身的良性发展。

目录

第一章　电力系统概述

第一节　电力系统碳排放及低碳电力系统规划

随着低碳战略的不断推行和环境保护政策的应用，电力系统碳排放受到的关注也越来越多。电力系统是连接电力生产和电力使用的纽带，对人们的生活有着积极的影响。在低碳背景下，低碳电力系统规划势在必行，不仅能够实现节能减排目标，而且能够保护生态环境，对现代人以及子孙后代的发展都有着重要意义。本节主要研究的是电力系统碳排放及低碳电力系统规划，希望能够为我国低碳电力系统规划提供借鉴之处，从而推动我国电力系统可持续发展。

在低碳背景下，低碳电力工业支撑着我国低碳国民经济发展，同时能够加快环境保护和节能减排目标的实现。低碳电力系统是对传统电力系统的一种创新，是电力系统可持续发展的必然趋势。低碳电力系统规划能够保证电力系统的稳定运行，而且能够节约大量的资金，能够让电力工业的经济效益和社会效益相统一。因此，研究电力系统碳排放及低碳电力系统规划具有非常重要的现实意义。

一、电力系统碳排放合理控制的意义

（一）符合低碳发展战略

环境保护和资源节约是当今时代的主题，在这个主题背景下，我国开始实行低碳发展战略，希望以此实现节能减排的目标。电力系统碳排放合理控制符合低碳发展目标，对于我国的低碳电力工业发展有着促进作用。在控制过程中，政府和投资商共同出资，协同构建项目公司，建立新能源电力系统，不仅能够促进新能源的使用，而且符合绿色能源战略，实现了对能源结构的优化升级。政府通过财政政策来提供充足的资金支持，通过法律来维持公司的合法运转，能够实现电力工业的创新发展。在能源投资环境中，政府将能源重新分配，优化投资容量，既能够满足低碳排放要求，又促进了低碳发展战略的实施。

（二）适应电力系统调度

传统的电力系统发电出力非常强，冲击波动大，电力系统调度非常困难，对系统的安

全性也有很大的影响。电力系统碳排放合理控制促使低碳电力系统出现，适应电力系统调度，实现了绿色发电上网，保证了系统的安全性，能够满足大量的电力需求。低碳电力系统是新型电力系统，相对于传统电力系统来说，社会价值更高，能够利用绿色发电调度来代替传统的经济发电调度，促进了节能发电调度模式的应用，实现电力系统经济性和安全性的统一。低碳电力系统的波动性非常小，在机组调度过程中，能够快速响应调度，而且能够做出正确的调度决策，推进了智能电网的建设。另外，低碳电力系统具有间歇性，能够给机组调度足够的缓冲，能够有效确保系统的正常运转，减少了系统故障问题的发生。

（三）促进电网企业发展

电网企业是电力系统的管理主体，承担着提高电力能源使用效率的重要工作。在当今时代，电网企业的数量激增，企业之间的竞争也随之而来。为了更好地发展，电网企业就要合理控制电力系统碳排放，从而降低终端消耗，实现节能减排。在低碳背景下，电网企业将发电业务和用电业务相统一，将调度业务和经营业务相结合，能够实现低碳发电和用电，能够准确把握电力生产、配送和使用等过程中的碳排放水平，有效地减少了碳排放，能够促进企业长期发展。电网企业通过低碳经验战略来维持发展，通过环保经济调度来实现低碳效果，不仅能够保证企业的盈利，而且能够为企业提供安全的电力供应服务。

二、低碳电力系统规划的具体内容

（一）低碳电源电网一体化

低碳电源电网一体化是低碳电力系统规划的核心内容，其中不仅涉及发电主体，而且涉及用电主体，能够促进电网企业和投资商的交流，能够实现低碳电源电网协调规划。在规划过程中，首先要考虑的是经济和技术两个方面，既要能够保证技术发挥实际作用，又要获得一定的经济利益。为此，在技术方面就要加强上游发电和下游用电的统筹规划，在经济方面就要考虑环境效益和经济效益的协同获利。其次，要考虑资源方面。资源整合优化是非常重要的环节，不仅能够因地制宜发展新型能源电力系统，而且能够实现可再生能源技术的广泛应用，有利于电源和电网的低碳发展。最后，要考虑监管方面。规划过程涉及多个市场主体，每个主体的侧重点都各有不同，需要通过外部监管来协调多个主体，从而凝聚力量来实现低碳发展目标。

（二）发电机组优化组合

发电机组是电力系统的核心，也是生产电力能源的重要设备。在低碳电力系统规划中，发电机组优化组合是一项重要内容，能够提高发电机组的稳定性，能够保证发电机组的正常运行，能够保证电力的生产，能够稳定输送电量，促进了新型电网建设。发电机组整合优化的难点在于将系统运营成本降至最低，但是同时又不能妨碍可持续发展策略的推行。

在低碳发展战略实施后，发电机组优化组合成为可能，不仅减少了不同机组组合之间的摩擦，而且有效降低了碳排放总额，同时电力系统的成本费用也有了明显的降低，凸显了低碳电力系统规划的重要作用。发电机组优化组合主要是通过合理的运转模式来实现，能够限制电力系统的碳排放，而且能够提高电力能源的生产效率和质量，有助于推进电力工业的低碳化进程。

（三）环保经济调度机制

环保经济调度机制是低碳电力系统规划的基础内容，能够促进低碳电力资源优化配置，有助于电力系统的低碳化发展。环保经济调度机制在设计时要注意三点：

1.稳定性

环保经济调度也就是低碳调度，不但关系着能源消耗，而且影响着电力系统的碳排放总额。在设计时要注重调度的稳定性，这样才能促进新型能源有序并网，才能有效降低碳排放总额。

2.公正性

环保经济调度关系着多方主体的利益，因此设计过程必须公正，多方主体必须都能够得到利益。在设计时要注重调度的公正性，这样才能让多方主体共同发挥作用。

3.优化配置

环保经济调度机制的作用就是优化资源配置，这就意味着在设计过程中要始终坚持这一点，这样才能提高能源并网率，才能实现节能减排。

电力系统碳排放及低碳电力系统规划是低碳背景下的必然形式，也是实现低碳发展目标的重要举措。在低碳电力系统规划中，我们要注重低碳电源电网一体化，做好发电机组优化组合工作，设计好环保经济调度机制，这样才能促使低碳电力系统发挥作用，才能缓解低碳发展的压力。

第二节　电力系统中的储能技术

本节首先对储能技术的作用进行简要分析，在此基础上对电力系统中储能技术的应用进行论述。期望通过本节的研究能够对电力系统运行安全性和稳定性的提升有所帮助。

一、储能技术的作用分析

化石能源作为一次性能源，随着对它的不断开采使用，其总体数量日渐减少，在这一背景下，新能源技术随之出现，并取得了快速发展，其在电力系统中的作用逐步显现。对于传统的火力发电而言，其主要是根据电网的实际用电需求，进行发电、输配电以及用电的调度与调整，而新能源技术，如风力发电、太阳能发电等，依赖的则是自然界中可再生的资源。然而，从风能和太阳能的性质上看，均具有波动性和间歇性的特点，对它们的调节和控制有一定的难度，由此给并网后的电力系统运行安全性和稳定性造成了不利的影响。储能技术在电力系统中的应用，可以有效解决这种影响，从而使整个电力系统和电网的运行安全性及稳定性获得大幅度提升，能源的利用效率也会随之得到进一步提高，使新能源发电的优势得到了充分显现。

对于传统的电网而言，发电与电网负荷需要处于一种动态的平衡，具体来讲，就是电力随发随用，整个过程并不存在电能存储的问题。然而，随着我国社会与经济的飞速发展，这种生产电能即时发出，供用电保持平衡的供电模式已经与新形势的要求不相适应。同时，输配电运营中，为满足电网负荷最高峰时相关设备的运行正常，需要购置大量的输配电设备作为保障，从而造成电力系统的负荷率偏低。通过对储能技术的应用，可将电力从原本的即产就用，转变成可以存储的商品，在这一前提下，供电和发电不需要同时进行，这种全新的发电理念，不但有助于推动电网结构的发展，而且还有利于输配电调度性质的转化。综上，储能技术的出现及其在电力系统中的应用，对电网的持续、稳定发展具有积极的促进作用。

二、电力系统中储能技术的应用

（一）储能技术的常用类型

分析储能技术在电力系统中的应用前，需要了解储能技术的常用类型，具体有以下两种类型，一种为直接式储能技术，即通过电场合磁场将电能储存起来；如超级电容器、超导磁储能等，均归属于直接式储能技术的范畴；另一种是间接式储能技术，这是一种借助机械能和化学能的方式对电能进行存储的技术，如电池储能、飞轮储能、抽水储能、压缩空气储能等等。

（二）储能技术在具体应用

1.电池储能技术的应用

现阶段，间接式储能技术中的电池储能在整个电力系统当中的应用最为广泛，电力系统的很多重要环节中都在应用储能技术，如发电环节、输配电环节以及用电环节等等。

（1）在发电中的应用。正如前文所述，在电力系统中，通过对电池储能技术的合理应用，除了能够使电网的运行安全性得到提升之外，还能使电网的运行更加高效。在对电池储能技术进行具体应用时，储能系统的容量应当按照电网当前的运行方式进行估算，在国内一些电池储能示范工程中，平滑风电功率储能容量为一般风电的 25% 左右，稳定储能系统的容量为一般风电的 65% 左右，通过这一数据的对比不难看出，风能发电场的储能容量也已达到数十兆千瓦以上，并且电能的存储时间比较长。

（2）在输电中的应用。在电力系统的输电线路中，通过对电池储能技术的应用，能够使维修和管理费用大幅度降低。可将电池储能系统作为电网中的调频电站使用，由此可以使容量的存储时间得到显著延长，从而提高输电效率。

（3）在变电中的应用。在变电侧，电池储能系统的运行方式为削峰填谷，其容量较大，最低功率可以得到 MW 级别，电能的存储时间约为 6h 左右，储能设备可从 10kV 母线上接入，并连网运行。

2. 飞轮储能的应用

可将飞轮储能与风力发电相结合，由此可使风能的利用效率获得大幅度提高，同时发电成本也会随之显著降低，可以为电力企业带来巨大的经济效益，很多发达国家的岛屿电网采用的都是风轮储能，如美国、日本、澳大利亚等等。在电力系统中，绝大多数故障及电能的运输风险等问题，都具有暂态稳定性的特征，由此会对电网储能系统造成较大的影响。飞轮储能技术在电力系统中的应用，能够对电网中的故障问题进行灵活、有效地处理，为电网的安全、稳定、可靠运行提供了强有力的保障。这种储能技术最为突出的优势在于容量大、密度小、速度快。因此，在相同的容量条件下，应用飞轮储能可以产生双倍的调节效果。

3. 抽水储能的应用

在电力系统中对储能技术进行合理应用之后，除了可以是系统的供电效果获得大幅度提升之外，还能使自然能源的使用量显著降低，有利于能源的节约，符合持续发展的要求。抽水储能技术具体是指当电力负荷处于低谷期时，从下游水库将水抽到上游水库当中，并将电能转换为重力势能存储起来，在电网负荷处于高峰期时，将这部分存储的电能释放出来，从而达到缓解高峰期用电量的目的。通常情况下，抽水储能的释放时间为几小时到几天，其综合效率最高可以达到 85% 左右，主要用于电力系统的调峰填谷，该技术最为突出的特点是不会造成能源污染，同时也不会对生态环境的平衡造成破坏。在电力系统中对抽水储能技术进行应用时，需要在基础设施建设的过程中，合理设计储水部分，同时还应确保抽水的力量大小与实际需求相符，具体可依据发电站的规模进行计算。随着容量的增大，存储的能量也会随之增加，为确保电力供应目标的实现，需要输水系统的参与。故此，输水管道与储能部分之间的连接应当紧密，并尽可能减小管道的倾斜角度，由此可以使水流达到最大的冲击力，一次抽水后，可持续对能量进行释放，进而保证发电的连续性。

4. 压缩空气储能的应用

所谓的压缩空气储能具体是指借助压缩空气对剩余的能源进行充分、有效地利用，其能够使发电运行获得保障。当高压空气进入燃烧系统之后，可以使燃烧效率获得显著增强，同时还能减少能源的浪费。由于压缩空气对储能设备的安全性有着较高的要求。因此，在具体应用中，必须在使用前，对储能设备进行全面检测，确认无误后，将荷载频率调至高效发电范围，从而确保燃烧时，压缩空气可以得到充分利用。

5. 超级电容器储能

超级电容器是一种新型的储能装置，其最为突出的特点是使用寿命长、功率大、节能环保等。超级电容器主要是通过极化电解质来实现储能的目的，电极是它的核心元器件，它可以在分离出的电荷中进行能量存储，用于存储电荷的面积越大，分离出来的电荷密度越高，电容量就越大。现阶段，德国的西门子公司已经成功研发出了超级电容器储能系统，该系统的储能量也已达到21MJ/5.7Wh，其最大功率为1MW，储能效率可以达到95%以上。

综上所述，储能技术能够对电能进行有效地存储，由此改变了电能即发即用的性质，其在电力系统的应用，可以使电网的运行安全性和稳定性获得大幅度提升。在未来一段时期，应当加大对储能技术的研究力度，除对现有的储能技术进行不断地改进和完善之外，还应开发一些新型的储能技术，从而使其更好地为电力系统服务，这对于推动我国电力事业的发展具有重要的现实意义。

第三节　电力系统稳定性研究

阐述了电力系统稳定性的基本概念，重点对电力系统稳定性进行简要的分析与研究，并提出相应的建议以供广大电力系统工作者参考，以期为我国电力系统的稳定发展提供有效助力。

一、电力系统稳定性的基本概念

在电力系统中，每个同步发电机必须处于同步运行状态，以确保在某一阶段输送的电力是固定值。同时在总体的电力系统中各个电力节点的电压和电力支路的功率潮流也都是某一额定范围内的定值，这就是电力系统的所谓稳定运行状态。与之不同的，如果电力系统中各个发电机之间难以保持足够的同步率，那么发电机输出的全功率系统和功率支路的各个节点的电功率和电压将产生非常大的波动。如果电力系统中的发电机不能恢复同步运行，则电力系统不再处于稳定状态。电力系统的具体稳定性包括以下内容。

（一）电力系统中的静态稳定

电力系统中的静态稳定性是当电力系统在特定操作模式中经受一些微小干扰时发生的稳定性问题。如果电力系统受到瞬态干扰，则在干扰丢失后，电力系统可以恢复到原始运行的原始状态；在永久性小扰动的影响下，在电力系统历经了一个瞬态过程之后，可以实现新的稳态电力系统运行状态，称为静态稳态。

（二）电力系统中的暂态稳定

电力系统在其相应的、正常的运行方式中，在受到了外界的一些较大的干扰后，就会经历机电暂态，进而恢复到原始的电力系统稳态运行方式，又或者达到新的电力系统稳态运行方式，那么就认为此时的电力系统在这种运行方式下属于暂态稳定。

（三）电力系统中的动态稳定

在一些大规模互联电力系统中，干扰的全部影响有时可在其发生一段时间后反映出来。在事故发生之前，这些干扰对整个电力系统稳定性的影响是无法预测的，这要求电力系统具有很大程度的动态稳定性。

二、电力系统稳定性的具体内涵

在我国工业的电力实际应用中可以得知，电力系统的稳定性从本质意义上讲，其实就是一种电力系统的基本特性，电力系统的稳定性能够在基础上保证电力在正常的实际运行条件下处于稳定的平衡状态，电力系统的稳定性对于各个电力企业的生产运营作业起到了重要的作用。一旦电力系统的稳定性发生了缺失便很难再保证电力系统基础的正常稳定运行，电力系统稳定性的缺失会为电力系统带来造成故障，比如系统瓦解、停电等电力系统异常现象。随着我国信息技术的飞速发展，各种电子技术在工业发展中已经得到了广泛的普及，这些电子技术已经深入渗透到人们的日常生产与生活当中，如果电力系统的稳定性遭到破坏，将会带来一系列更加棘手且严重的损失甚至事故。

三、电力系统稳定性的重要意义

我国现阶段的经济模式中经济发展的速度日益加快，对于电力的需求量也日益加大并且逐渐趋于多元化、多样化，电力系统的建设是在各个工业领域发展建设中的基础建设，是我国国民经济不断增长的实际基础，是我国进行现代化经济发展的工业发展命脉。最近几年中我国的电力消耗不断增多，经过科学预计，到"十二五"时期的经济发展阶段，我国的电力需求还会逐年地上升大约百分之十，再加上我国经济建设发展中电力系统规模的不断扩大和系统结构的不断复杂化，电力系统在现阶段发展中突出的不确定性也使发生电力事故的概率不断增加，给人民群众生活水平、工业化生产以及国民人身财产安全带来很大的损失。所以如果要维持我国经济在新时代经济发展模式的高速发展，就必须要建立满足现代化发展需求的、稳定的电力系统，需要注意的首要问题就是要保证电力系统的稳定正常且安全地运行。

电力系统具有复杂性和非线性特征，它的不确定动态行为使电力系统会不断出现混沌振荡和频率崩溃的现象，甚至出现电压崩溃现象。这三种现象就是在工业领域实际应用中电网系统不稳定的典型特征，也是现阶段在工业领域应用中电网事故的三大最主要的原因。

1996 年美国的两大电网——西北、西南电网合并互联时,就曾经发生过一些异常的振荡现象,在短时间内频繁发生混沌振荡,共计平均每分钟发生了六次混沌振荡,从而直接导致了两大电网的解列。1996 年 5 月 28 日 11 点 57 分我国的华北电网发生了一起非常罕见的电力系统振荡事故,振荡一共持续了 1 min 46 s,造成了处于张家口地区的两座火力发电厂突然停电——沙岭子电厂(4 × 300 MW)与下花园电厂(2 × 100 MW+200 MW)全面停电,最后直接导致该区域的大部分生产生活区域停电,这就是严重的、被称为 "5.28" 的严重华北电网事故。通过上述案例就可以充分得知,广大电力工作者们必须在工程和技术上对电力系统的稳定性给予充分的重视和关注。

四、提高电力系统稳定性的措施实例

以烟台电视台电力系统为例,烟台电视台的电力系统如果按照它的使用性质分类的话,属于一级的重要负荷。如果现在有二路高压进线,四台低压变压器同时为烟台电视台的各个负荷进行供电。如果它的电力系统运行中出现了不稳定的电力系统事故,将会影响、波及很多方面的信号传输,后果是非常严重的。由此可以得知,防止电力系统的稳定性造成破坏,并且争取不造成电力系统瓦解和长时间的大面积停电,这是烟台电视台电力系统基础运行中的重要任务,以下为此种情况提出相应的建议,在其他电力系统稳定性维持中也可以进行借鉴。

(一)在电力系统高压侧使用自动互投

在电力系统中采用高压侧自动互投的方法,可以保证在进行双路高压电源的供电时,其中一路的高压电源发生某些故障时自动由另一路的高压电源转为向下端变压器提供相应的电源,从而避免造成长时间的停电事故。烟台电视台的配电室一贯采用双回路的高压进线,两路电源分别属于不同的开闭所并且每路高压进线都直接连接着两台变压器。在电力系统正常运行时,两路高压母线都是带电的,它们分别给各自所连接的变压器进行供电,断开了中间的母联开关联络。然而电力系统中一旦有一路高压电源失去电流,二次系统会马上判断出其中一路高压进线电源发生了故障,发出警报的同时母线联络刀闸也会自动合闸,所属的四级变压器将改为由另一路的高压电源进行供电。

(二)在电力系统中的低压侧采用手动互投

在电力系统中采用低压侧手动互投,可以有效保证变压器在发生故障时会由另一台正常运行的变压器成为故障变压器的电力负荷并进行电源的提供。同时,也可以根据相应的负荷容量,对不重要的负荷进行有选择的切断,以保证其中一些重要负荷的基础供电。

(三)在电力系统中负荷侧采用互投配电箱

互投配电箱也就是一台配电箱含有二路进线电源,也就是主路电源和备路电源,可以有效保证当一路进线电源发生失电时，配电箱下端的电力负荷能够持续有电。

而对于一些重要负荷，比如如播出、发射机房的一系列用电设备等，烟台电视台在电力系统中都采用了相应的互投配电箱。通过进行电器控制，互投配电箱一般具备以下的功能：在进行正常运行时，两路进线的电源都是带电的，并由主路来提供电源，一旦发生主路失电的现象，电力系统就会自动由备路来提供电源；当主路恢复其供电，配电箱的控制系统就会自动切断相应的备路电源，改变为由主路提供相应电源；而备路一旦发生失电现象时就由主路供电，而备路恢复其供电时依旧由主路负责继续的后续供电。

电力系统发展是我国新时代中国特色社会主义发展道路中的重中之重，它决定着我国工业化生产的深入程度，是我国工业化生产改革的基础，是我国新时代经济发展模式的重中之重，值得广大电力系统工作者的高度重视。

第四节　电力系统规划设计剖析

本节对电力系统规划设计进行了全方位的分析，首先简要概述了加强电力系统规划设计的必要性，其次详细阐释了电力系统规划设计的主要内容，接着剖析了当前我国电力系统规划设计中存在的问题，最后笔者在结合自身多年专业理论知识与实践操作经验的基础上提出了几点建设性的有效策略，旨在从根本上促进我国社会经济的又好又快发展进步。希望本节可以在一定程度上为相关的专业学者提供参考与借鉴，如有不足之处，还望批评指正。

一、加强电力系统规划设计的必要性

近年来，随着我国社会经济的迅猛发展与科学技术水平的显著提升，广大人民群众生活质量水平的提升对电力系统规划设计提出了更高的要求，对电网的工作效率进行提高已经刻不容缓，科学合理规划电力系统是电力工程的一项重要前期工作，而且它正逐步朝着更加智能化与自动化的方向发展，促使电力系统更加可靠安全与经济稳定。再者，进行电力系统的规划设计是电力行业工作的重点，但是近年来电力系统的规范方案与科学相分离脱节，没有始终秉持好"实事求是、与时俱进、开拓创新"的原则理念适应新时期的社会发展需要，电力系统的正常运行受到诸多因素的制约，因此需要相关的技术人员对电力系统进行改进完善，保证电力系统的顺利运营。

二、电力系统规划设计的主要内容

电力系统规划设计可分为长期的电力系统发展规划、中期的电力系统发展设计，其对单项电力工程设计具有指导性的作用也是论证工程建设必要性的重要依据。电力系统规划设计主要内容包括：工程所在区域的电力负荷预测和特性分析、近区电电源规划情况及出力分析、根据负荷预测和电源规划结果进行电力和电量平衡、提出电力工程接入电系统方案、对所提方案进行电气计算、分析计算结果并进行方案技术经济比较、为电力设计其他专业提供系统资料。

（一）电源规划与出力情况

首先，要想从根本上确保电力系统规划设计的科学合理，需要详细分析电源出力的各种情况并做好统计工作，在拟建区域内进行电源规划的系统设计，深刻认识到每种电源在不同时期内出力情况的不同，注重统筹兼顾好系统电源与地方电源间的关系，确保规划期间的新建电源机组进入投产阶段。其次，定期进行电力系统规划设计文件资料的搜集整理，进行相关数据的验算，同时还要对结果进行分析比较并优选方案，这极大地利于为电力系统网络信息的发展提供契机。

（二）负荷预测与分析

一方面，对预选地区的电力进行电力负荷预测是电力系统规划设计的基础，其预测精度直接影响了电网及各发电厂的经济效益，通常的年限为 10 年左右，电力系统具有电能难以大量储存的特点，因此随着电力市场改革的深入发展，必须要加强对负荷预测的规划设计。另一方面，电力电量的平衡对电力系统的规划设计起到制约作用，它需要在负荷预测的基础上确定其系统最大负荷并根据出力情况来计算出电力电量的盈亏，还需要相关的工程技术人员确定电力工程的布局和规模，同时兼顾分区间的电力电量交换，基于实际情况来增减设备。

三、当前我国电力系统规划设计中存在的问题

首先，难以保持好电力系统规划中电源与电网间的动态平衡，没有对电源的负荷能力进行严格控制，经常超出配电线路负载能力的范围界限，使得各种危险电力故障频出。其次，电力系统中的配网接线方式不够灵活，例如存在导线截面的选择、接入电压等级不匹配等不良现象，容易引发各种危险事故，不利于维护广大人民群众的生命财产健康安全，总之，希望相关的专业负责人对上述问题引起广泛的关注与重视，并采取及时有效的措施予以改善解决。

四、促进电力系统规划设计完善的有效策略

（一）电源规划

在进行电力系统规划的过程中，针对不同的电源项目需要采取不同的方式，同时进行资源的科学有效配置，深入推动电源规划工作人员与政府部门的通力合作沟通，清晰认识

到进行电源规划的最终目的就是依据某一时期的电力需求进行预测，优先选择更为经济可靠的规划方案，另外，还要汇总系统中的相应设备及资产，主要涉及不间断电源与线路电源等诸多内容，为了从根本上避免由于电力系统安装运行衍生出各种故障，必须要定期对群集以及节点等进行科学的控制排查，同时在电源规划的选点工作上要多下功夫，有利于给单项电力工程的可行性论证提供重要的支撑依据。

（二）主网规划设计

首先，网架和方案是电力系统规划设计的核心，容量有余额的系统与互联系统中更大容量的部分相联结，在受端应采取切负荷的措施，在送端采取切机或减少发电功率，同时注意避免功角稳定事故的发生；其次，在实际工程中方案的指定，既要考虑技术性又要考虑经济性，电气计算要具有一定的远景适应性，更高的要求就是网架美观，将投资费用控制在合理范围之内，还要熟悉各种电力系统公式，例如短路阻抗的大致计算方法、零序不同情况下的折算等专业内容；再者，电厂、变电站与线路的选址也是关键的点，还要注重高低。

（三）配网规划设计

电力系统的规划设计要做好数据收集、调查与录入工作，城市电网规划工作要以大量的基础数据为前提，囊括未来城市发展的详细用地规划及城市发展规划数据，利用电力系统中提供的各种分析工具，从设备维护、技术经济指标、配网电源与管理方面进行综合分析评估，其中供电范围的计算既要考虑供电的经济性，还要兼顾供电半径的限制。此外，根据可靠性的要求和采用的主要接线模式来增加灵活性和适应性，还要根据规划区内的改造和新建的网络设备明确为电力企业的经营管理提出决策性意见，减少不必要电能的损耗并节约资源，进而创造出良好的社会经济效益。

科学合理的电力系统规划设计实施不仅有利于提高社会经济效益，还有利于尽可能地节约国家建设投资，随着我国各行各业对电能需求量的与日俱增，电能已经是现代社会生活的基础，同时我国的电网负荷也在不断增加，供电工作质量的好坏直接关乎着广大人民群众的正常生活与企业的安全稳定生产，而且安全可靠是电力工程进行设计和建设的首要原则，因此必须要持续推动电力系统规划设计的改革创新与优化升级，更好地推动我国社会经济的协调稳定可持续快速发展进步。

第五节　电力系统电力电子技术应用探讨

在目前电力系统运行中，电力电子技术的应用解决了电力系统中的技术难题，使电力系统能够在输电效率和变电效果上达到预期目标。同时，电力电子技术也是电力系统运行中的支撑技术，对电力系统的整个运行产生重要的影响。结合电力系统的运行实际，探讨电力电子技术在电力系统中的实际应用以及产生的积极效果，掌握电力电子技术的特点，为电力电子技术的应用和电力系统的安全稳定运行提供更多的可靠技术，保证电力系统在运行安全性、稳定性和运行效率方面达标。

电力电子技术作为电力系统中的重要支撑技术，在电力系统不同领域中都有所应用，比如电力系统的发电环节、输电环节和电力调节环节等方面。因此，应当了解到电力电子技术的特点及电力电子技术的技术优势，在实际应用过程中发挥其技术特征，为电力系统的发电输电和电力调节环节提供更多的技术支持，解决电力系统运行中存在的诸多问题。

一、电力电子技术在发电环节中的应用

（一）大型发电机的静止励磁控制

静止励磁结构简单，可靠性高，造价相对较低，采用晶闸管整流自并励方式，在世界各大电力系统被广泛采用。从目前电力电子技术的应用来看，在发电环节电力电子技术的应用较多，其中在大型发电机的静止励磁控制中，电力电子技术的应用取得了积极效果。在发电中，大型发电机需要通过静止励磁控制的方式提高发电机的运行稳定性和发电机的工作效率，而静止励磁控制需要电力电子技术提供最基本的支持，在京闸管的整流和并励过程中需要电力电子技术提供控制方法和控制技术，在实际应用中也取得了积极的效果。因此，电力电子技术对大型发电机静止励磁控制的实施有着关键作用。

（二）水力、风力发电机的变速恒频励磁

水头压力和流量决定了水力发电的有效功率，抽水蓄能机组最佳转速变会随着水头的变化幅度变化。风速的三次方与风力发电的有效功率成正比。机组变速运行，即调整转子励磁电流的频率，使其与转子转速叠加后保持定子频率即输出频率恒定。除了大型发电机之外，在水力风力发电机的变速恒频励磁中，电力电子技术也提供了最基本的技术支持，水力风力发电机在运行过程当中，通过变速横频励磁能够解决发电机的转速稳定问题，同时也能够有效调整转子的励磁频率，使整个发电过程的稳定性更强，使发电效率更高，能够解决水力风力发电机的转子调速问题。

（三）发电厂风机水泵的变频调速

发电厂的厂用电率平均8%，风机水泵耗电量约是火电设备总耗电量的65%，为了节能，在低压或高压变频器使用时，可以使风机水泵变频调速。从发电厂风机水泵的变频调速来看，风机水泵的变频调速需要有专门的技术作为支撑，在具体调速过程中，电力电子技术的应用有效解决了这一问题，通过对风机水泵的运行速度的调整以及频率的调整，能够保证风机水泵在实际应用中根据运转的实际需要采取对应的频率。在使用频次较低的情况下，

风机和水泵的运行频率进行下调，达到节能降耗的目标。在这一过程中，电力电子技术对整个频率的调整起到了关键作用。

二、电力电子技术在输电环节中的应用

（一）直流输电技术和轻型直流输电技术

直流输电相对远距离输电、海底电缆输电及不同频率系统的联网，高压直流输电优势独特。直流输电技术和轻型直流输电技术是目前输电环节中的重要方式，也是降低输电损耗和提高输电效率的关键手段。在实际经营过程中得到了广泛的应用并取得了积极的效果。结合直流输电技术和轻型直流输电技术的特点来看，电力电子技术在其中发挥了重要的支撑作用，电力电子技术是构成直流输电技术和轻型直流输电技术的关键，也是保证直流输电技术和轻型直流输电技术能够可以正常运转的基础，在实际应用过程中，为直流输电技术和轻型直流输电技术提供了必要的技术支持。

（二）柔性交流输电技术

柔性交流输电技术是基于电力电子技术与现代控制技术，对交流输电系统的阻抗、电压及相位实施灵活快速调节的输电技术。在输电过程中如何提高输电效率并降低输电的损耗，是电力传输的重点，也是电力传输需要控制的重要环节。在输电过程中，柔性交流输电技术是和直流输电技术具有同等优势的输电方式，在实际应用过程中解决了电能的损耗问题，使输电效率更高，在整个输电过程中，对输电过程进行了优化，对输电损耗的损耗功率进行了补偿，通过对柔性交流输电技术的了解，柔性交流输电技术中运用了大量的电力电子技术，对整个技术的形成和技术的使用提供了有力的支持。

三、电力电子技术在在配电环节中的应用

在配电环节中，电力电子技术主要对配电的过程进行了优化，在传统的配电过程中，电能的损耗问题无法得到有效的解决，电能损耗大、输电功率低，以及配件难度大的问题长期存在。基于这一现状，在配电环节中依靠电力电子技术，构建了有效的配电系统，实现对电力传输过程中传输方式进行有效调节，在调节中能够根据电力的需求进行合理调整，使得整个配电环节功率得到了补偿，输电环节中功率的损失有效降低并在功率的传输方面实现了预期目标。

四、电力电子技术在节能环节中的应用

（一）变负荷电动机调速运行

风机、泵类等变负荷机械中采用调速控制代替挡风板或节流阀控制风流量和水流量收

到了良好的效果。对于电力传输过程而言，如何有效节能是电力传输的关键之处。在节能环节中，电力电子技术主要应用在变负荷电动机的调速运行上，通过对风机泵类等负荷机械的有效调整，使其在运行中能够根据不同的需求，采取不同的频率，通过变频调速的方式保障风机和泵类正常运行，同时在能源消耗上尽可能降到最低。这种方式对于解决风机和泵类的能耗问题和降低风机和泵类的额外能源消耗具有重要作用。

（二）减少无功损耗，提高功率因数

在电气设备中，属于感性负载的变压器和交流异步电动机，在运行过程中是有功功率和无功功率均消耗的设备，在电力系统中应保持无功平衡，否则会使系统电压降低、功率因数下降。在电气设备运行中，无功损耗是影响设备运行效率的重要因素，如何有效降低无功损耗并提高功率因素，是电机运行中必须关注的问题。在目前的运行中，应用了电力电子技术形成了对整个电气设备无功损耗的调整，使发电过程中和电力传输过程中所用到的设备能够在功率因素上得到提高，在无功损耗上得到降低。通过优化和调整设备运行方式以及变频调速的方式实现了这一目标。由此可以发现，电力电子技术对整个电力调节过程中的设备和运行方式产生了重要的影响，在运行过程中解决了关键的技术问题。

通过本节的分析可知，在发电系统中，电力电子技术对整个发电系统的安全稳定运行有着重要的影响。通过电力电子技术的应用不但解决了发电效率问题，同时还保证了电力传输在可靠的范围内进行，降低了电力传输的过程损耗，同时通过电力调节的方式，降低了风机泵类的电能损耗，使整个设备的功率因素得到有效提高，保证了电力系统能够在低功耗的状态下稳定运行，满足了电力系统的运行需要，使电力系统能够在发电传输和配件调整过程中获得了有效的优化。

第六节　电力系统中智能化技术的应用

电力系统良好平稳的运行，主要取决于电力系统及其自动化控制。电力系统自动化控制在电力系统中具有十分重要的地位，相关部门和人员必须确保其始终保持正常的运行，使电力系统更加稳定，从而为人们提供良好的供电服务。智能化技术的应用，对电力系统自动化控制的水平有质的提升，企业必须给予高度重视，确保电力系统始终保持平稳运行。文章阐述了智能技术的应用优势，介绍了智能化技术在电力系统中的具体应用。

对我国电力系统进行分析可以发现，电力系统自动化控制领域中的智能化技术有着很大的开发潜力，随着社会经济的快速发展，电力行业也得到了前所未有的发展，这就使得智能化技术的应用越来越广泛，将其应用在电力系统中不但可以提高电力系统的稳定性，同时还可以帮助电力企业实现全面的自动化发展。

一、智能技术的应用优势

（一）提高供电效率减少污染

科技的快速发展使电力系统应用了大量智能化技术，随着自动化控制系统的不断进步，使得现阶段的电力网络结构和发电过程都更加智能化，这种智能化技术的应用不仅可以提高供电效率，同时还可以有效减少供电污染。

（二）调度智能化

调度在电力系统中具有重要的作用，在现阶段的电力企业中几乎所有企业都实现了智能化调度，而在这个过程中是绝对离不开智能化技术的，将其应用在调度中不仅可以提高供电效率，同时还可以有效避免危险，从而为电力系统的稳定运行提供了必要的保障。

（三）用电智能化

在传统的电力系统中常常会出现各种各样的问题，随着我国科技的快速发展，将智能化技术应用在电力系统中可以有效解决传统电力系统中的各种问题，这样不但提高了供电质量，还可以为用户提供更好的供电服务 [2]。

二、智能化技术在电力系统中的具体应用

（一）对电力系统数据进行采集

要在传统的电力系统中采集数据，就需要进行人工采集，这样一来不仅要受到庞大设备的限制，同时操作人员还会受到地理环境的约束，从而导致数据的采取精度较低。现代智能化电力系统大多数都在多采用多个检测设备集成化联合作业，这种设备不仅携带方便，且采集的数据也会比较准确，同时还可以安装在偏远地区，实现实时检测和远程控制，从而使采集成本得以缩短。

（二）实施数据分析和故障处理

智能化技术可以将分析的数据制成相应的图片和表格，这样一来相关人员就可以对这些数据进行观察，并且通过观察这些数据可以对相应的参加进行有效的设定与修改。如果发现检测出的数据与之前设定好的数据发生偏差时，智能化系统就可以将这些故障进行自动等级划分，并发出相应的警报，同时还会将故障的地点标记出来，这对提高电力系统的管理和防护能力具有十分重要的作用。

（三）强化电力的系统管理

要使电力系统始终保持良好的运行状态，首要的任务就是要对其进行全面监管，主要

分为两个方面：一是对设备进行监控，二是对相关人员进行监管。对那些危险地区、资源密集、易发故障等区域，是无法实现人员现场管理的，必须应用智能化系统进行管理，以此依据大数据对这些区域进行标记，从而实现全面监测管理。例如，设备的使用寿命都是存在一定的年限的，这时系统就可以将设备的故障时间预估出来，相关人员随即对设备进行相应的保养和检修，这样就可以有效以防设备出现故障，从而提高设备的利用率。另外，由于智能化技术的加入，还可以增强人机互动，这样可以促使相关技术人员的操作技能和规范的工作流程得到有效地增强，对提高安全系数也具有一定的促进作用。应用智能化技术还可以实现工作日志与报表的自动生成，可以帮助企业保留大量有用数据，并且也能有效防止相应人员对数据进行被篡改，从而实现对人员的监管。

随着我国社会的快速发展，人们对电力的需求越来越大。供电企业必须保证良好且稳定的供电，这样才能更好地为人民提供服务，从而为社会的发展和稳定做出应用的贡献。电力企业必须加大电力系统智能化技术的应用，在实际生产和运行中发挥其积极作用，这样不仅可以提升电气控制自动化的效率，还可以促使企业对原有的电力控制工程进行有效的改善和创新。而智能化技术是当今社会发展的必然趋势，电力系统要实现长久而稳定的发展就必须跟上时代发展的步伐，积极在电力系统中应用智能化技术，为企业的发展做出应有的贡献。

第七节　电力系统的安全性及防治措施探讨

中国城镇化步伐正在加快，国内生产总值逐年稳定增高，人们生活水平大幅度提升，各类家用电器也越来越多，各行各业的用电量也逐年攀升，这就对我国电力系统提出了更高的要求，巨大用电量的背后需要拥有一个安全、稳定的供电系统的有力支持。输电线路是供电系统的重要组成部分，输电线路的质量决定了输电系统的安全性、稳定性，就此提出相关措施，供有关技术人员参考。

我国的经济、科技和人们的生活质量每天都在发生着变化，各类新式家居、工业产品层出不穷；我国的交通发展同样令世人惊叹，有轨电车、地铁、高铁、动车，及经电器化改造的普通火车等等，这些都以电能为动力，这说明电力是我国经济发展的强劲推动力。我国除了具有世界先进的水力发电、核电发电技术外，也在大力发展风力发电、太阳能发电等环保新能源技术。而电力系统的安全性是电力发展造福于人的根基，近年来因为电网发生的事故频发，电力企业遭受损失，也严重威胁到了人民的人身财产安全，因此必须确保电力系统的安全、稳定，采取必要预防措施。对电力系统的安全性、稳定性进行研究也是一项重要课题。

一、电力系统安全的重要性

老旧电力系统在没改造前，一旦发生故障就会引发大范围的停电，应对停电故障的办法单一，在十几年前，停电像家常便饭一样，人们每家都会储备蜡烛来应对停电。造成电力系统的故障原因主要有：短路、断相、自然灾害、极端天气，故障等。这些事故是因为线路的老化、搭设不够合理等原因引发的，电力系统的故障可能引发火灾事故，很多用电设备停止运行，自来水停止供水，通信系统、网络系统也受到影响而不能正常运行，这严重影响到了正常的生活、工作、生产，造成巨大的经济损失。以前的老旧电力系统，经过改造后安全性、稳定性都得到了大幅度提升，当发生电力系统故障时，可以及时排除故障，有些特殊场所会备有发电机可以临时发电，但是当前经济高速发展，对电能的依赖性，远远大于过去，毫不夸张地说过去停电几个小时造成的损失，远远不及现在停电几秒钟造成的损失和影响大。现如今电力系统一旦破坏或者受到外界的攻击，将会使城市接近瘫痪，电力系统的脆弱性也体现在此。电力故障给人们生活、工作带来极大不便，比如说：在过去有电冰箱等电器的人家不多，而现在家家户户都有电冰箱、空调等电器，停电会带来非常多的不利影响。电力系统的安全关乎国计民生，因此必须要提高重视程度，深入分析造成电力系统安全故障的因素有哪些，制定出切实有效的预防措施。

二、造成电力系统故障的因素

（一）外界自然环境因素

自然环境是电力系统安全性需要考虑的，重要影响因素之一，我国这几年来交通运输工程的投入加大，及城镇化的扩大，工业等各行各业的飞速发展，对于电的依赖需求也越来越大。输电线路基本都铺设在野外，而且基本完全暴露在自然环境中，这就不可避免地受到自然环境的影响，尤其是极端恶劣天气，比如2008年春节期间全国经受了罕见的雪灾，尤其在南方，这场雪灾使得一些山区的供电线路，电缆上雨雪反复冻融，导致电缆表面上裹了一层厚厚的冰，增加了电线的荷载，最终电缆被压断，此次雪灾对电网的影响从根本上说：是因为设计的安全储备不够。此次雪灾导致220kV、500kV的多数电站全站停电，严重地区停电超10余天。此次雪灾席卷多省，造成大面积电网瘫痪，在恶劣极端气候下我国电力系统并没有承受住考验。除了雨雪引起的冰冻之外，雷电、狂风暴雨、台风、极端低温和高温的自然灾害，均能对电网产生非常不利的影响，可能会出现断路或者电缆接地还有高压放电等危险情况，这些都危及电网的供电和输电，在对电能高度依赖的现在，电力系统的一点故障将可能导致巨大的经济损失。在面对一些不利气候，尤其是雷电和冰冻，应当有危机意识，相关企业应制定应急预案和预防措施，这样才能避免或者减少，因自然灾害引起的电力故障而带来的经济损失。在设计中要考虑罕见极端灾害出现的情况，在设计中采取相对保守的方案提高电力系统的安全储备，只有这样才能使得电力系统经受住极端自然条件的考验，才能避免巨大的经济损失。

（二）人为因素

人为因素不像自然因素那样让人措手不及，可以通过学习培训得以提高。比如说电力系统施工过程中，要加强管理严把质量关，责任落实到人，实行激励机制。对于一些可能危及电力系统的行为要进行监督教育，比如在电力输电线路周围施工时，要让相关人员学习安全须知及禁止哪些事项，在农村要告知村民焚烧秸秆的地点，要远离输电线路以免对其造成损害或者引发事故。电力系统安装工人在搭设线路时，也要进行多次培训，避免出现操作误差，并安排专人进行质量检查。

（三）输电线路质量因素

我国幅员辽阔，存在一些老旧输电线路未被改造的问题，一些早期建设的输电线路，采用高度较低的水泥电线杆，经过长时间的风雨洗礼，水泥杆强度减弱，成了安全用电的隐患。一些电路中的金属配件也存在锈蚀严重的情况，还存在一些输电线路搭设企业，为了获取更大利益，而在材料质量上打折，这为电力系统质量埋下隐患。电力系统的安全环环紧扣，要做好每一个环节，严抓不放松。

三、提高电力系统安全性的建议

（一）优化电力系统加强质量管控

电力系统的建设需要做好前期准备，做好充分的调研，做好科学的规划，结合实际情况做到科学合理的设计，好的系统才能完全发挥出价值，安全性是依附于完善的系统之上的。还要严把质量关，质量不好都是空中楼阁，对此要在电力系统相关材料设备的采购过程中严格进行过程控制，必须要达到国家标准，并对构配件按规范要求进行抽样检查，有为题按规范进行处理，这样才能从源头上控制好质量，也为电力系统的安全性提供保证。

（二）提高预警能力和加强检查维修工作

首先要尽早发现隐患，预防电力系统故障发生。提高电力系统的管理监控预警能力，可以设置一些传感器监测点，实施网络实时监控，实时反应并采取应对措施。建立电力系统意见、评价平台，收集人们生活中发现的隐患，对于提供有价值信息的给予一定奖励，以激励群众参与电力系统的安全建设中。然后就是加强输电线路的巡查工作，输电线路巡查工作可以有效保障输电线路的运行安全性和稳定性，因此供电单位必须要对输电线路的设备以及通道的情况进行深入了解掌握，定期对其进行巡查工作，在恶劣天气阶段内要通过采用现代化的巡检设备来强化输电线路的巡查工作，借此有效保证输电线路的运行安全性和稳定性；其次供电单位需要对输电线路的设备进行更新优化，借此有效提高故障检测工作的效率和质量。供电单位需要加大资金投入，及时对输电线路的设备进行更新。[3]

（三）注重自身专业水平的提高

电力系统人员，要注重自身专业水平的提高，人的因素是最主要的，也是成本最低的控制措施，只有专业水平的提升才是内在的强大保障，尤其电力系统一线人员，具备了良好的专业素养，才能在工作中避免工作偏差会产生的隐患，一线人员专业水平的提升，带来了电力系统安全性的提升，电力系统的每一个人都应该加强学习，弥补自身不足，把知识应用到实际中去指导工作。

输电线路的运行安全影响重大，因为经济的快速发展对电能的依赖前所未有，不仅影响到我国各行各业的正常生产运行，同时也给我国民众的正常工作生活带来十分不便的影响。输电线路出现故障的原因有多种，要结合具体环境和故障的特点制定相应的、科学的、合理的处理措施，确保输电线路平稳安全地运行，为国家发展和人民生活提供持续的动力保障。电力系统工作人员要与时俱进接受新的知识，懂创新，用知识为电力系统的安全运行保驾护航。

第八节　电力系统变电运行安全分析

变电运行安全管理是变电站设备安全运行的重要保障，尤其是随着电网技术日新月异，设备更新换代加快，负荷需求的日益增长，变电站设备的新建扩建、技改大修工程项目遍地开花，变电运行的安全管理也相应承受了不少压力，对于运行人员的安全管理意识和技能要求也越来越高。基于此，本节主要通过对电力系统变电运行工作危险点的分析，并从实际工作的安全风险管控角度出发，旨在提升电力系统变电运行安全管控的对策。

变电运行的主要任务是电力设备的巡视维护、倒闸操作和工作许可，任何不规范的行为都可能会影响电力系统运行的最终安全绩效。只有做好安全风险管控工作，才能保障电力设备稳定运行、电力系统正常供电、保障电网安全、提高整个电网系统经济运行的持续性。要做到这一点，要求所有生产管理及一线班站人员在思想上保持警惕，做好事故预想和危险点分析、风险预控，才能从容地应对处理变电运行过程中的突发状况。

一、电力系统变电运行安全风险管控的重要性

变电运行工作涉及的安全面非常多，只有常态化开展全覆盖的安全生产风险管控，提高工作的制度依从性，才能够避免重大安全生产事故的发生，提高整个电力系统运行的经济性、稳定性、可靠性和安全性。

但是，随着变电站设备的更新换代，综合改造工程，扩建工程增加，生产管理系统的深度应用，变电运行的施工现场管控难度增加，操作量增加，运行人员需要应付大量烦琐

的基础性工作，很容易在变电运行工作的过程中出现懈怠情绪，致使思想松懈，在执行任务的过程当中，出现一些错误的操作或危险的行为，为变电运行安全风险管控带来一定的隐患。

二、提高电力系统变电运行安全管控绩效

（一）变电设备操作安全风险辨识与管控

变电系统有着多种多样的设备，只有深化安全操作管理，提高设备操作的规范化程度，对整个设备操作流程的全过程管控，才有可能实现防误操作的目标。

（1）变电运行技术人员要收集每一台设备的型号、操作方式、安装位置、历史故障信息等数据，并将所有的操作指南形成准确的变电站现场运行规程。保障操作人员可以按照相关的指引与规范，进行变电设备的准确操作，提高整个作业的安全风险受控等级。

（2）变电设备操作是一个以人为本的作业过程，值班负责人必须在派工前对监护人和操作人的精神状态进行确认。人员的疲惫、情绪低落会直接导致精神不集中，容易造成唱票、复诵失误，如果双保险未能发挥作用，就会直接导致误操作，后果不堪设想。因此，为了防止人员因为精神不佳造成操作失误，应对整个操作形成一套规范性的行为规范，包括操作走位确认、操作双方的交流关键词汇、手指动作的规范、设备操作方向的指示与确认。

（3）管理人员还要建立相应的监督机制与管理机制，对于操作人员的具体操作行为进行一定的监察，并通过远程控制系统以及智能监控系统，对操作人员的操作行为进行监督，及时发现操作人员的错误操作行为，进行纠正与预防。

（二）变电设备巡视维护作业安全风险辨识与管控

变电站设备按差异化运维周期进行巡视维护，是设备运维成本的优化与效率的提高。

首先综合设备的台账信息、缺陷情况确定设备健康度，再结合设备所处功能位置的重要度对设备进行差异化定级，不同级别的设备对应不同的巡视维护周期，大大减少了运行人员的无效工作量，巡视维护有了重点，也提升了设备运维的质量。

巡视维护因环境因素、天气因素、小动物危害因素、人机功效因素而产生不同的危险点。运行人员对巡视维护项目进行分类分析，列出各项目作业的危险点和预控措施，结合项目作业步骤指引，形成相应的作业指导书内容。作业指导书依据现场实际情况和设备变化情况进行动态修编。作业人员依据生产计划下载相应作业指导书，按指导书的作业流程进行风险分析，落实预控措施和作业步骤，能精准、安全地完成相应巡视维护作业，做到工作有依据、风险有预控，安全生产才能落到实处。

（三）变电站技改大修项目管理安全风险辨识与管控

变电站的技改大修或基建扩建项目施工作业范围大，地点分散，而且与带电设备相邻

交叉，危险点多而不容易辨别，要比日常的维护检试设备工作安全管控难度高出许多。因而，变电运行人员要加强对技改大修项目工作人员的安全交底和现场监督。通过数据分析与比对，对整个项目的施工安全进行严格的监督与管理，及时察觉安全隐患，进行相应的纠正或风险预控，可以最大限度地降低项目运作过程当中的安全风险等级。

第一，在施工之前，进行充分的技术实施方案准备，在项目可研过程中就充分考虑电网风险及项目施工安全风险，对技改大修项目过程当中的各个风险源进行全面的排查，逐一落实有针对性的预控措施。第二，提高施工人员的安全意识与安全防护水平，工作许可前必须进行充分的现场安全技术交底，人员必须持证上岗、经过系统的培训并安规考核合格。第三，运行人员利用工作票、安全技术交底单、二次措施单等组织措施对施工作业人员行为、环境、安健环措施、防护围网等进行规范。做到作业人员思想重视、行为规范、作业环境安全隔离、安全提示可视化标识，从而确保施工作业点的人身设备安全。第四，在技改大修项目施工的过程当中，安全管理人员要对施工人员进行必要的现场检查监督，纠正与预防，并检查好所有的施工设备是否满足工程实施的安全管理要求，对施工人员发放足够的安全防护用品，例如安全帽、安全手套、工作服等等。

综上所述，电力系统变电运行安全管控是一项系统的工作，只有从全面的角度去分析，发挥人的主观能动性，动态调整管控方式的适宜性，才能够提高安全管理的整体效果。从本节的分析可知，研究变电运行安全管控，有利于变电运行人员从发展的眼光看待目前安全管控过程当中存在的不足。因此我们不但要加强对于变电运行安全管控的理论研究，还要不断提升安全管控的可操作性和时效性，做到有风险、可预控、风险变化及时调整措施，把一切事故的源头扼杀在安全管控的摇篮里。

第九节　电力系统中物联网技术的应用

一、物联网技术概念与特点

（一）物联网概念

物联网技术是一种建立在互联网基础上，不断延伸并扩展的现代化网络技术，其要旨是在互联网的基础上实现一个有效链接，通过电力用户端开展有效信息数据的延伸以及扩展，针对不同物品以及物品与物品之间开展通信以及信息交换。简而言之，物联网应用在电力系统当中的主要作用就是信息传递与控制。

（二）物联网的技术特点

1.技术特点

物联网技术主要通过相关的数据信息技术以及通信射频识别技术有步骤、分类别的建立健全一整套电力网络，最终达到信息高效共享的效果，同时为行业信息交流以及未来发展奠定良好的基础。将物联网作为电力信息传送的基本载体，可以有效实现对整个世界当中全部虚拟网络的一个有效链接，使其逐渐构成一个比较统一的整合性网络系统，同时以此为基点，不断推动经济的发展与社会的进步。

2.体系架构

（1）感知层

感知层通常分布在系统感知对象的若干个感知节点当中，通过自行组建的方式建立健全感知网络，进而实现电网对象、电力运行环境中的智能协同感知、智能化识别、信息化处理以及自动控制等。建立在现代化电力系统传感器应用的基础上，采用智能化采集设备与智能化传感器等诸多方式，进一步高效进行信息数据的识别，收集电网发电、输电、变电、配电、用电以及电力调度等不同模块、不同阶级的具体实际情况。

（2）网络层

对多种不同类型的通信网络，进行有效融合以及扩展，例如电力无线宽带、电力无线传感器以及电力无线公共通信系统等。针对智能化电网，主要功能建立在电力通信网络的基础上，通过公共电信网络对其进行补充，由此才能更好地实现信息传递、数据汇集以及电力系统方面的控制。电力通信网通常作为电力物联网所创造具有更高、更宽的双向电力通信网络平台。

（3）应用层

应用层通常能够依据不同的业务类型需求，对感知层的信息以及数据开展研究与分析，主要包括基础设施、中间件以及不同类型的应用。通过智能化的计算与应用、模式化的识别技术等作支持，实现电网信息的综合研究、分析以及处理，同时有效实现电力网络有关智能化的建设与决策，进而更好地推进控制系统以及电力服务水平的提升，有效促进整个电力行业的正常、有序发展。

二、电力系统物联网关键技术

（一）传感器的应用

1.导线温度传感器

应用导线温度传感器能够有效对输电线路实施在线温度监测。其中监测温度的终端采用的是电气微功耗的技术，采用的供电方式是锂亚电池，锂亚电池本身具有低功耗、寿命长的优势，可以有效满足电力使用者 5 年的使用需求。将两者结合使用，可以高效实现用电需求，解决测温终端单元获取电源的问题。

2.激光测距传感器

激光测距传感器主要功能是测量输配电路周边所存在的树木、农田等是不是满足输配电线路的安全距离范围，是不是能够满足辅助测量线路本身的弧垂度，为输电线路的检修与维护提供有力支持。

（二）电力系统组网的需求

电力设备传感网络自身的场景非常复杂，整体的设计难度也非常高。为了能够实现实时感知电网运行状态的运行效果，需要对电力设备安装大量传感器，收集并传送相应的信息数据。其中，传感器节点在收集数据对象方面通常包括：电压、电流、温度以及湿度等信息。通过对全部收集到的信息数据开展全面分析，掌握每一个电力设备本身的实际供电情况以及所处环境状态。为了保证电力环境下能够最大程度地满足农村电网感知需求，传感器的网络服务对象以及相关数据要符合如下 3 点要求。其一，为了进一步实现对电力系统运行状态下的实时监控，首先要做的就是在电力设备原本装置基础上配置大量传感器节点，主要功能在于负责对电气设备进行数据的采集。其二、设置的全部传感器节点可以实现对电气设备运行信息开展周期性发送，因为传感器的基数比较大，网络内部传输的数据信息量也非常大。其三，只有最大限度地保证所收集到的全部数据信息数据能够及时传输给电力控制中心，由此可以对电网运行的形态开展可靠性分析，确保在遇到电力问题的时候可以及时对线路开展相应的调控措施。

（三）应用系统体系框架的构建

在实时感知输变电系统运行状态的基础上，充分依据电力系统当中不同的业务类型针对感知层所接收的信息开展研究与分析，逐步形成包括相关电力基础设施、中间件以及多种应用的电力体系框架结构，同时对物联网当中的不同应用进一步有效实现。电力传感器的内部网络能够对智能化的电网全寿命周期中任何一个生产环节所产生的全部信息开展研究与分析，同时为下一阶段的电网智能化决策、系统化控制以及电气服务提供更加完备的依据。

三、电力系统中物联网技术的应用

（一）在智能电网建设中的应用

物联网当中的感知层是进一步实现"物物联网、信息交换"的重要基础所在，通常情况下可以将其划分为感知控制层与延伸层两个子层面，分别与智能信息识别控制系统以及物理实体连接等功能相对应。针对智能电网系统中的应用而言，感知控制子层主要是通过安装智能信息采集设备实现对于电网信息的收集与获取；通信延伸的子层是通过光纤通信与无线传感技术的应用，成功实现电网运行信息以及其他各类电气设备运行状态下的在线监测、动态监测，充分保障电网供电方面的可靠与安全，高效实现广大用户用电的智能化。

通过运用电网建设当中敷设的有关电力光纤网络、载波通信网以及其他无线网络，针对感知层所收集与感知的电网信息以及相关设备数据进行转发并传送，与此同时要充分保证互联网数据的安全性以及在运输过程中的可靠性，进一步保证外部环境不会对电网通信造成干扰。应用层面一般划分为两个基础模块：电网基础设施和高级应用。两项基础模块均为自身所对应的应用提供相应的信息资源调用的接口，高级应用一般是通过智能计算技术设计与电网运行中生产以及日常管理当中的诸多环节相关联，对建立在物联网技术基础上的电力现场作业进行监管，对建立在射频识别以及标识编码基础上的电力资产全寿命的周期性管理，对家居智能用电领域的高效实现，诸多技术的运用都对电网的建设起着重要的推动作用。

（二）在设备状态检修当中的应用

通过物联网技术开展电网设备状态检修方面的应用，可以精准掌握有关设备工作状态以及设备运行的寿命，可以有效掌控电气设备中存在的缺陷并提供技术支持。与常规检修情况相比，状态检修可以有效帮助变电站跟线路之间的监控统一，逐步使得不同方面的检修工作越来越智能化，加之诸多传感器设备，使得电气设备在信息获取方面以及存储传输方面具备更高的可靠性、便捷性，进一步加强了电气状态检修的基础。鉴于此，伴随物联网智能化技术的逐步成熟，电力设备自身的检修效率实现一个稳步提升，进一步使得人力资源的消耗逐渐降低，不仅可以有效减少故障检修时的遗漏现象，同时还可以充分保证电气设备的检修质量。

（三）设备状态检测方面的应用

除了电气设备状态检修之外，物联网技术能够广泛应用在电气设备状态检测应用中，其中最为主要的就是有关配电网在线监测方面的应用 [5]。与配电网自动化的建设以及体系架构相结合，进一步根据以太网无源光网络技术与配电线路载波通信或者是无线局域网等更好的处理信息感知以及采集，与此同时，更好地处理解决了配电网设备远程监测的问题，还包括电气设备相关操作人员的身份识别，电子票证的有关管理与电子设备远程互动等诸多方面的内容，能够有效实现电气设备辅导状态检修的安全开展，同时保证定期设备标准化作业的全面开展。

（四）在设备巡检方面的应用

物联网技术在电网运行中有关智能设备巡检方面的应用，详细的操作流程是通过电网有关内部数据库系统以及激光扫描仪，针对不同类型的电气设备进行状态识别，与此同时与 RFID 技术实现完美结合，针对红紫外检测技术对电气设备的运行状态开展全面检测；

其次是充分利用 GPS 定位系统对扫描到的相关信息数据实施定位、定点以及定项方面的分析，同时找到电气设备在运行中存在的问题，最终得到想要的分析结果，同时实现信息数据的自动存储以及上传。

四、电网系统中物联网技术的发展方向

在我国电力企业发展过程中，有些生产与经营的场所可以有效引入物联网技术，进一步优化升级相应的配电自动化智能系统，为电力用户提供更好的服务，进一步提高办公电话、电力计量以及电力应急灯等方面的需求与应用的效率。物联网技术的应用跟电力系统可以实现一个高效融合，最大限度的满足人们生产、生活以及工作中的电力需求，在此基础上，进一步促进电力企业新一轮的创新发展。

电网系统当中的应用物联网技术可以实现输电技术网络的优化升级，能够有效改善电力系统中基础网络的输电通信能力，保证输电通信网络在运行过程中更加稳定、可靠。物联网目前的总体框架结构逐渐由封闭式的垂直一体化模式向着水平化的公开模式发展，同时水平化公开模式主要是建立在物联网平台跟终端系统为核心的基础上，逐渐经历人工智能、大数据信息处理技术以及边缘化计算等现代化新型通信技术的发展历程。我国电力企业的建立已经逐步向开放化、智能化的物联网平台方向发展，工作重点也逐步由原来的标准化通信以及低功耗接入向智能化的数据网络信息共享以及安全系统构建的层次快速转移。

伴随当代物联网技术的高速发展，在诸多行业中的应用地位越来越重要，企业可以通过物联网技术本身具有的广泛性、连接性，保证自身可以在不同行业中相应的部门之间进行信息资源的共享，同时进一步扩展并延伸越来越多的人性化应用功能，促进经济发展，推动社会的进步。

第十节　电力系统电气试验技术

实践证明，按照相关规定对电气设备进行检测试验，能够及时发现电气设备存在的不足，进而及时优化设备，以实现防患于未然的目的，相应的电力系统能够持续安全、可靠、高效地运行。而对以往电力系统高压电气试验实际情况予以了解，确定因电气试验程序复杂、工作量，导致其实施的过程中容易受某些因素影响，进而存在安全隐患，严重时可能出现安全事故。基于此，本节将着重分析电力系统电气试验技术的要点及其实施过程中存在的问题，进而探究如何优化电力系统电气试验技术，并提出可行性较高的建议。

在人们生产生活的用电需求不断提高的情况下，社会对电力系统运行的可靠性、高效性提出了更高的要求。此种情况下，为了使电力系统能够长期安全、高效、可靠地运行，

加强对电力系统相关设备的检测与维护是非常必要的。为此，需要有效应用电力系统高压电气试验技术。而从以往电力系统高压电气试验技术实际情况来看，实际操作之中容易出现一些问题，如变压器直流电阻不合格、断路器回路电阻超标、电流电压互感器介损超标、避雷器泄漏电流超标等。对此，应当探究行之有效的措施来加强对电力系统高压电气试验技术的安全防范，尽可能地保证高压电气试验能够顺畅、安全、规范地展开，了解电力系统运实际情况，进而有针对性地调整、优化电力系统，使之持续良好地运行。

一、电力系统电气试验技术的要点

（一）电气试验安全技术措施总体要求

安全技术措施的有效实施是电力系统电气试验现场的重要工作内容之一，同时也是基础和前提。所以，相关工作人员应当对关键工序技术及技术文件进行严格的审核，在确定电气试验技术可行的情况下，才能允许现场真正展开电力系统的电气试验，以便电气试验能够发挥积极作用，并且对企业生产运行有指导意义。

（二）高压一次设备大型试验安全技术措施要点

相对来说，高压一次设备大型试验过程中容易受到某些因素的影响，导致试验效果不佳，甚至诱发安全事故。所以，为了防止以上情况的发生，注意科学合理地实施高压一次设备大型试验安全技术措施。一般情况下，选用熟练掌握输变电设备状态和试验仪器性能的技术人员来负责此次试验工作，并且在具体展开试验工作之前，应当先进行空试，之后在确定试验流程可行的情况下具体展开试验过程。总结性分析以往高压一次设备大型试验实际情况，认为在整个试验的过程中注意防止人身触电事故发生，也就是必须严格执行"先验电、再挂地线"的安全作业程序展开实际作业；注意防止人员登高坠落事故发生，也就是尽量使用斗臂车进行高空操作，而必须人员攀爬的作业则要求佩戴专门的安全带。

（三）继电保护二次设备试验安全技术措施要点

总结性分析以往继电保护二次设备试验实际情况，确定在具体实施设备试验安全技术措施的过程中注意做好以下几点。

其一，继电保护试验时，要注意将运行的设备予以安全隔离，并且注意对容易造成保护误动的交流电回路、直流跳闸回路、隔离开关及接地刀闸控制回路、失灵启动回路等予以控制。

其二，注意严格按照国家电网公司《电力安全工作规程》的相关要求来进行线路参数测试，如注意停电、验电、装设接地线等，避免人身触电或者设备损坏等事故发生。

其三，在风电场低电压过度能力测试试验的过程中，注意选择广阔的工作环境，设置好安全警示标志及围栏，以此来有效防止闲杂人等进入作业现场，给测试工作带来一定影响，甚至出现触电伤亡事故。

1.4 基建调试试验和启动安全技术措施要求

为了使基建调试试验能够安全顺利地进行，所实施的安全技术措施需要注意满足以下两点。

其一，因基建调试试验及启动的安全风险较高，所以相关工作人员一定要按照预先编制的调试方案来有序地、有计划地展开试验，尤其是新设备启动，要保证启动方案及指挥措施能够细致化、严谨化地落实。

其二，运行变电站扩建接口部分是继保调试和试验的安全高风险区域，相关负责人应当根据实际情况及相关要求，制定可行性较高的"两票"和"三措"等工作制度，严格约束工作人员的工作行为，保证变电运行人员或者生产技术人员的现场配合方可开展工作。

二、电力系统电气试验技术可能存在的问题

深入到实际之中，对电力系统电气试验技术实施实际情况予以分析，发现电力系统电气试验过程中容易出现一些问题，致使实验效果不佳。

（一）变压器直流电阻不合格

电力系统高压电气试验的过程中变压器直流电电阻不合格会给此次试验带来一定的负面影响。这里所说的变压器直流电阻不合格是指变压器直流电阻过小或者过大。参考相关资料对变压器直流电阻不合格情况予以深入分析，确定主要是变压器本身存在某些缺陷或者绕组导线材质或者结构存在不足所致。一般情况下，制造变压器绕组时焊接出现虚焊或者假焊，致使焊接效果不佳，出现接触不良、并联多跟导线时出现断根，或其中一根产生焊接不良的状况，有载或无励磁分接出现接触不良，那么变电器应用的过程中可能出现直流电阻不合格的现象。而变电器的绕组导体的材质不佳或者结构不合理，则会直接降低直流电阻的平衡性，相应的，变电器应用的过程中很可能产生其直流电阻不符合标准要求的状况。

（二）断路器回路电阻超标

电力系统高压电气试验的过程中，如若断路器回路电阻超标，同样会给此次试验带来负面影响。通过深入分析，此种情况确有发生。那么是如何造成的呢？其一，因结构设计不完善或者生产环节存在差错，导致所选用的断路器的质量不佳，其未能满足电力系统高压电气试验的要求，这就导致断路器具体应用的过程中容易引起回路电阻超标，进而给此次试验带来一定的负面影响 [5]。其二，断路器受外界负荷波动较大的影响，致使其在承受数量较大的操控任务的过程中，可能出现动静接头的固定连接松动而接触不良的现象，最终导致回路电阻超标。

（三）电流电压互感器介损超标

通常来说，电流电压互感器介质损耗检测值是衡量电网运行的安全性的重要参考。所以，为了保证高压电气试验数据的准确性，注意避免电流电压互感器介损超标是非常必要的。而深入到实际之中，发现接地不良、绝缘带损耗等状况的出现，均会导致电流电压互感器介损超标。这是因为接地不良会造成绝缘带损耗，而绝缘带损耗则会直接造成电流电压互感器介损超标。通常情况下，电压互感器与导线串联，以此来减少电容性设备的损耗，但因某些因素影响，致使导线与互感器之间的接触故障，那么电气设备受损，而设备的引线又靠近绝缘带，这可能造成试验数据远远超于实际值。

（四）避雷器泄漏电流超标

无论是从保证电网安全稳定运行考虑还是保证检测人员生命安全的考虑，保证避雷器泄漏电流不超标都是非常重要的。而实际避雷器试验检测结果显示，与避雷器相连接的引线中央断裂，那么直流参考电压会大面积地泄漏，超出标准要求，此时很可能给电网正常运行带来负面影响，甚至威胁检测人员的生命安全；而引线与避雷器完全分开，那么就会很大程度上减轻电压泄漏的现象。所以，在具体高压电气试验的过程中，应当注意这一情况，将避雷器与引线接头完全分离开来，以此来降低危险系数，为顺利、安全地进行高压电气试验创造良好条件。

三、提高电力系统电气试验技术水平的有效措施

（一）规范电力系统电气试验流程

通过以上内容的分析，可以确定的是电力系统高压电气试验的过程中容易受多种因素影响，导致这样或者那样问题的出现，最终导致电气试验效果不佳，相应的电气设备的安全性难以保证。为了尽可能地避免此种情况的出现，应当注意对电力系统高压电气试验实际情况予以了解，明确电气试验之中可能出现的问题，进而结合相关规范要求，科学合理地规范电气实验流程，如电气设备接地环节、断电环节等，尽可能地保证高压电气试验能够规范化、标准化地进行。

（二）提高试验人员专业能力

其实，当前电力系统高压电气试验效果不佳也从侧面说明了当前诸多试验人员专业能力不强。所以，在优化电力系统高压电气试验技术之际，还要注意提高试验人员的专业能力。也就是注意了解试验人员实际作业情况，明确实验人员不足之处，进而定期或者不定期地开展培训活动，对试验人员进行试验方法、试验流程、安全注意事项等方面的培训，逐步提高试验人员的专业水平。另外，还要根据电力系统高压电气试验实际情况，制定岗位责任制和考核制度，以便将电气试验责任落实到每个试验人员的身上，并且定期考核试验人

员工作表现，给予适当的奖励或者惩罚，激励、督促实验人员不断提高自身的专业水准[8]。

　　电力系统高压电气试验技术的有效实施，有利于保证电力生产安全性、可靠性及高效性。但通过本节一系列的分析，发现电力系统高压电气试验的过程中容易出现变压器直流电阻不合格、断路器回路电阻超标、电流电压互感器介损超标、避雷器泄漏电流超标等问题。对此，笔者建议通过规范电力系统电气试验流程、提高试验人员专业能力等措施来强化电力系统高压电气试验技术，使之能够规范化、标准化、合理化的展开，准确地反映电气设备现状，以便相关工作人员能够有针对性地调整、优化电气设备，为电力系统良好运行创造条件。

第二章　电力系统创新研究

第一节　电力系统云计算初探

随着计算机信息技术的不断发展，网络在各行各业中的应用非常普遍。正是因为有了网络计算与存储等服务，人们的生活发生了翻天覆地的变化。在一定程度上，云计算技术是一种新兴资源使用模式，促进网络的发展，并逐渐成为网络技术中的核心技术，改变数据访问、应用模式，并可实现高效、安全的应用交付。在电力系统中融入云计算技术，使得电力系统的运行迎来了质的改变，保障电力企业高效工作，有利于电力行业实现新的突破。

一、云计算的概述

云计算是一种基于互联网的计算方式，通过云计算，可以有效实现硬件资源和信息共享，方便用户使用。基于当前使用软件包部署和发布的情况下，云计算以其维护成本低、部署方式简单、更有利于构建基于多租户模型的服务系统，引起了社会各界的高度关注。现阶段，云计算主要提供 3 种服务模式，即：基础设施即服务（Iaas）、平台即服务（Paas）和软件即服务（Saas）。在这 3 种模式下，计算工作由位于互联网中的计算资源（Iaas）来完成，用户只需实现与互联网的连接，借助诸如手机、浏览器等轻量级客户端，即可完成各种不同的计算任务，包括程序开发、软件使用、科学计算乃至应用的托管等。

二、云计算技术的特点

（一）具有虚拟化共享性质

云计算实质上是一种虚拟化的存在，是看不见、摸不着的。考虑到其虚拟化的特点，因此云计算在进行各种操作的过程自然而然会具有虚拟化特性。对于计算机内的资源，在云计算模式下，所有的都是不加密的，用户可以无限使用其所有的资源，因此整个互联网上所有资源，都具有共有的性质。

（二）提高工作效率

一般而言，云计算具有非常高的智能化和自动化水平。通过虚拟化云平台，可以集中用户，并且实现信息的维护，其不仅能够提高信息发布的速度，同时还能保障信息安全。此外，云计算可以提高设备的使用性能，有效延长设备的生命周期，这是传统的信息系统无法实现的，该技术在降低客户端升级频率的同时，还极大减少了升级时间，很大程度上保证了信息系统的稳定运行，提高了整个信息系统信息发布和管理工作的效率。

（三）提高规模效益

由于具有计算和整合资源的特质，在电力系统中应用云计算，可以最大程度上整合电力公司中大量重复现象的或者闲置不用的资源，在避免资源浪费的同时，还能极大地减轻了计算平台的压力，与此同时，电力公司在信息系统方面的人力物力投资可以得到有效控制，从而减少电力企业建设运行投资成本，增多规模效益。

三、云计算在电力系统构建中的关键技术

（一）海量数据管理技术

在电力系统中，云计算平台主要为大量用户提供支持，因此系统内会产生海量数据，每个用户都有自己的数据。另外，在应用仿真电网空间和时间时，也会出现大量的附加数据。因此可以采用数据库优化技术，提升海量数据管理效率。采取控制策略，同时结合电力系统特点，将数据库中未使用的数据存储到磁盘文件中，以缩减数据库记录数，从而进一步提高数据库的访问性能。

（二）动态任务调度技术

在电力系统中，其计算任务具备暂态、稳态等多样性，而且考虑到计算时间的不确定性，并且在计算过程依附性很明显，从而导致在调度计算任务方面的难度加大。之所以，应结合本地文件和分布式文件，并且采取动态分配与任务预分配相结合的方式，达到电力系统运行效率提升的目的，这不仅降低了调度管理、数据传输的时间损耗，同时还极大地提高了资源利用率。

（三）数据安全技术

在电力系统中运用云计算技术，由于数据需要进行分布式存储，因此会不可避免地面临系统内安全问题和数据安全问题。因此，对于数据管理、资源认证、权限管理、用户管理等技术的研究，这是十分必要的。通过运用数据加密技术，可以有效提高数据安全性和完整性，并加强云计算对数据的保密。比如：为了解决数据安全问题，可以使用来自华为的 IaaS 层资源管理软件。此外，数据安全技术的应用，不仅是提高系统中用户数据安全

的重要保障，并且可以实现数据的有效调取和安全共享。

（四）一体化数据管理技术

将一体化数据管理技术与模型运用到系统多级调度中是非常重要的。为了实现数据模型的统一，通常是采用一体化数据管理技术，其可以控制和降低不同模型转化而造成的数据错误与损失，采用统一的计算数据标准与电网模型标准。当前数据模型中，EICCIM 国际标准是常采用的标准；在规范数据交换方面，主要使用国网 E 格式；在计算输入数据方面，一般是以 PSASP 和 BPA 兼容的模式为主。

四、云计算在电力系统中的具体应用

（一）信息和网络系统深化应用

随着信息技术的升级创新，造成了企业终端与日俱增，应用系统分布也越来越复杂化。面对这种情况，只有为每个业务配备相应的软硬件设备和存储设备，系统才能够正常运行，然而这却不利于软件的后期维护，同时致使资源的浪费。针对以上问题，云计算技术的出现和应用，使得这些问题迎刃而解。在电力系统中运用云计算技术，通过智能云将电力系统内网中海量的计算进行拆分，从而瓦解成较小的计算块，并利用多台服务器进行处理，然后将处理后的结果及时反馈给客户。该种方式工作效率极高，使得智能云在短时间内可以处理庞大的信息。

（二）电力系统安全分析与协调控制

现阶段，在电力系统中，最经常使用的是采用时域仿真分析对暂态稳定问题进行分析。然而针对特殊问题，比如大电网由于数据量庞大，时域仿真计算量自然也会过大，所以此时最好采用离线分析。此外，为了提升仿真速度，可以在电力暂态仿真计算中利用云计算，以实现在线分析。

（三）电力系统潮流计算平台

通过云计算的应用，可提高电力系统潮流计算速度，优化潮流计算方法。利用最优潮流并行算法，在对预想事故进行运算时，可通过分组的方式，将其分配到不同的处理器进行分析。并运用牛顿法的并行潮流解法进行分解、协调等，有效解决分类系统中出现的各种问题，利用多个处理器来计算求解，对需要处理的预想事故数目进行精准计算。

（四）调度与监控系统平台

电力市场进入深化改革阶段，同时随着分布式电源的出现，系统逐渐向分布式控制转变。利用云计算平台，实现分布式控制中心信息协作和共享。在将来的电力系统中，分布式电源将会逐步普及，系统运行控制、调度计算量将逐步增加，在电力系统中，利用云计算可实现信息采集与实时监控。

综上所述,云计算的发展目前还处于初步阶段,其在电力系统中还有很大的应用空间。云计算可以促进电力系统的高效运转和安全稳定。而云计算平台的构建,不仅可以提升电力系统的信息储存、处理以及互联等带,与此同时实现对电力系统协调控制的优化,其重要性不言而喻。电力系统的整体性将会优化,尤其是在线分析与协调控制方面,促进电力系统的可持续发展。

第二节 电力系统中电力电子装置的应用

电力电子装置能够促进电力系统的可持续发展。电力电子系统使电力系统具有智能化的趋势。因此,介绍了该装置系统的结构,结合应用案例对该系统进行了详细介绍和分析,以提高电力电子装置的安全性、可靠性及经济性。以标准化视角,探讨了该装置的可靠性评估、故障运行管理、仿真回路应用及电力系统模块化的工作研究。最后介绍了一些电力电子装置在电力系统应用中的困难。

科技的不断发展,必然会促进社会各行各业技术的改革,电力系统亦是如此。电力系统主要是将人们生活中需要用电的地方进行体系化管理,并利用电力系统的工作特性进行分配和输送电力的工作。虽然电力系统技术不断更新和改善,但是有限的资源在慢慢枯竭,自然环境也受到严重威胁,因此,国家必须在电力系统中坚持可持续发展的要求,同时调整电力系统的发展方向,促使电力系统朝着智能化、持续化方向前进。对电力系统进行优化和改进以保障电力系统的高效应用。

一、电力系统发展概括

现代社会进步过程中,电力资源带给人们便利、快捷的生活方式,所以电力系统的发展是非常重要的,电力资源也是一种不可以替代的重要资源。但是随着生产力的不断发展和进步,改变人们生活方式的不仅有电力资源的开发,还有电子装置在电力系统中的不断应用。电力电子装置使电力系统变得更加合理、方便、快捷。人们赖以生存的环境资源有很多,包括可再生资源和不可再生资源,如阳光、水源及石油等。但是不可再生资源的消耗速度非常快,导致人们生活的需求迫切需要科技力量来解决,解决的方向需要坚持可持续发展的战略部署。纵览我国的电力系统发展可知,其发展方向具有统一性和稳定性,其结构分布包括分布式电源与储能装置。此外,我国的电力系统也具有可调的灵活性和安全输送能力,以保证合理的分配电力资源。利用电力电子装置的优势,使电力系统具有更高的智能化程度,确保系统的稳定性和安全性。

二、电力电子系统的性质

（一）电力电子装置的可靠性

影响电力电子装置可靠性的因素有装置的设计和是否全方位管理。电力电子装置的可靠性能的分析和实验，可直接影响电力电子装置的应用结果。同时，工程师设计过程中也要对电力电子装置的合理性进行思考，并且多次运行评测结果，制定相应的可靠性标准。电力系统的可靠性需要在整体层面进行体系管理。无论是在复杂的电力系统中还是简单的电力系统中，都需要构建可行性的模型进行分析论证，依靠电力系统标准和规则分析模型的结论。

（二）应对故障方向

任何一个系统中都会有故障存在，电力系统也不例外。电力系统具有一定故障发生率。电力系统运行中，电力电子装置如果出现故障将会造成严重的经济损失。正常运行的装置出现相应的故障，可以通过对故障位置进行分离，然后将故障点进行模块式拆卸，并实现线下维修保养，快速恢复装置的正常工作。如果问题没有出现在主干部分，电力电子装置具有一定容错性能，即如果 A 系统中出现一个故障点，那么该系统可以自动调节应对策略控制该系统正常运行，将该故障点进行隔离，避免因为该故障点影响整个系统的正常运行。如果该故障点的损坏范围在允许的范围内，还可以实现其功能，那么系统自行降级处理。这种处理方式具有操作简单、维修简单及维修成本低的特点，被电力系统厂家广泛应用。

（三）仿真回路技术

设计电力电子装置过程中，需要考虑该装置的硬件结构、软件应用、检查检测及后期维护等。其中，仿真回路技术属于系统硬件结构方面，可以提升该系统的设计，并有效地验证结果。对于不同电力系统的运行状态，可以实现故障模拟，在任意位置可以取任意信号。电力电子装置对于传输速度有着严苛的要求。该装置的半实物仿真在无延迟的情况下先准确地模拟硬件的动态。目前，具有无延迟计算的技术是 FPGA 技术。在电力电子装置中应用该技术可以提升硬件动态的真实性和准确性。

（四）整合标准模块

电力电子标准模块的整合是将各种元器件、电路及处理器等集中到同一个模块，使该模块具有全面的功能。同时，模块化的整合缩小了该装置的生产成本，并减少了购买环节。集成式的模块化方式包括硅片集成、封装集成与三维集成。硅片集成和封装集成可应用于电流小的情况，三维集成适用于高电流的情况，可以提高维修效率，缩短维修成本。

三、电力电子装置的应用

（一）在发电中的应用

总结电力电子装置在电力系统发电环节中的应用方法。例如，在发电机励磁中应用电力电子装置，使其具有设计简单、可调节速度的特点；在风力发电中采用电力电子装置，利用风能将风车转动，将风能转化为机械能，机械能在磁场中进行磁感线的切割，产生有效的电能，供电网使用；在光伏发电中应用电力电子装置，通过相关专业的元器件将太阳能转化为电能。电力电子装置在发电中的应用处于发展前期阶段。

（二）在电能存储中的应用

电能存储就是将电能有效地储存，即电量供给超过电量消耗时，将多余的电能进行储存。电能存储技术应用于电力系统中，能有效解决供电高峰期的需求问题，提高了电能资源使用率。其中应用该技术的案例包括压缩空气储能、抽水蓄能及电池储能等。

压缩空气储能应用比较普遍，在消耗电量的用电低谷时间段对空气压缩机进行压缩空气。这种方法是将电能转化为空气能进行储存，用电高峰期时将存储的空气能转化为电能。转化过程中，发电机通过在磁场中的运动原理进行电能转化和其他能量的储存，进而提高发电效率。

抽水蓄能的应用原理具体如下。在水电站中，利用水从高降落的能量对水泵进行驱动，水泵的旋转通过在电磁场中进行切割磁感线产生电能。当电能使用出现剩余时，水电站利用剩余的电能将下游的水抽至上游，实现能量的存储。提升了电能储存效率。

电池储能的应用原理具体如下。将电能放在电池里，如同生活中给电瓶车的电池充电，不同的是这次充电的电池需要非常大的容量，要求非常高。现有电池技术中，比较受欢迎的是锂离子电池、钠硫电池与全钒液流电池。

（三）在微型电网中的应用

微型电网的应用原理是由一些电源、变换器等元器件组成微小型的发电系统。该系统的优点是可以与非自身电网一起运行，可以自己供电、储电，具有独立运行电能的能力，也可以与外界交换电能，进而优化自身电能。通过设置独立的开关元器件，达到同步切换两种模式的目的。

（四）在输电环节中的应用

电力电子装置在输电环节中的应用中可以划分为三种类型，即直流输电、分频输电及固态变压器。

电力电子装置在直流输电中的应用包括两种模式，常规直流输电和柔性直流输电。其中，常规直流输电采用晶闸管作用下的换流器，柔性直流输电采用基于全控器件的换流器。

两者相比，柔性直流输电的优点是可以独立控制输出有功功率和无功功率。

电力电子装置在分频输电上的应用原理是在低频率的情况下利用倍频变压器进行输送电能，在高频率的情况下使用电量，可以极大地降低了交流输电线路的距离，提高了系统传输能力。

电力电子装置在固态变压器中的应用原理是可以对电压的参数和特点进行交换，实现原方电流、电压以及功率的灵活控制。

电力资源对于社会的发展具有重要作用。电力系统在科学、合理的优化技术的推动下不断发展，满足了人们生活不同的需求和有限资源的可持续发展。电力电子装置的应用使电力系统的性能得到较大提高，促进了电力系统改革的进步。

第三节　电力系统及电力设备的可靠性

供电持续性是否可靠在很大的程度上也反映了电力企业的供电水平，本节对供电公司稳定供电可靠性的意义以及相关供电情况和优化办法进行简要的阐述。

在电力企业中供电的可靠性是一项非常重要的工作指标，在很大程度上反映一个电力公司的电网发展水平和能力。换言之，若能够在电力工程方面对供电电网开展可靠性的建设，将会对电力工程的损失减少到最低，也可以确保人们日常生活的正常运行。

一、电力系统以及电力设备可靠性的基本概念

（一）电力系统可靠性

电力系统可靠性指的是根据电力系统对质量标准以及数量的规定，不断地提供电力给用户，而衡量电力系统是否具有可靠性，主要包括两个方面的内容：安全性以及充裕度。

发电系统。发电系统是组成电力系统的重要部位之一，如果有充足的发电量，配电系统和输电系统就能够将发电系统中的电能传递到任何一个负荷点，就不会出现由于负荷过重而导致电力不足的现象，衡量电力系统运行正常还是出现故障，是依据发电系统所发出的电力是否满足负荷对其的需求来进行判断的。

互联的发电系统。指将区域中独立运行的电网在系统的支持下进行互联，对于电力系统的发展而言，系统的互联已经成为发展趋势，有很显著的好处。将发电系统进行互联，可让两个出现故障系统中的备用容量相互支持，从而能让互联状态下的系统比自行运作的系统更为可靠。

（二）电力设备可靠性

电力设备可靠性指的是在规定的时间以及规定的条件下，电力系统中的设备或者是产

品，能够按照规定完成对功率的传输。电力设备的特点实用性、可靠性、有效性以及耐用性等都将通过电力设备的可靠性反映出来。

设计的可靠性。通过对电力产品的设计，能够在一定程度上保障电力设备的可靠性，在设计阶段能预测以及预防产品可能出现的故障，从而避免在使用过程中造成危害。

试验的可靠性。通过在电力设备中验证以及试验产品，能提高产品在应用时的可靠性，在试验阶段还应讨论如何能最大化地对人员、经费、时间以及空间等进行利用。

生产阶段的可靠性。通过在生产阶段达到电力设备可靠性的目的，是在产品生产过程中对于出现故障，或者是有缺陷的产品能有效地进行控制，以此来达到设计目标。

二、评估电力系统可靠性

对评估目的进行确认。是为了对基础电力系统的可靠性进行评估，使用合理的评估方式，全面对电力系统在操作过程、设计以及系统规划中进行评估，让电力系统功能效果得到提高。

对评估目标进行确认。为了让电力系统的可靠性能够达到基本的水平，在早期规划、中期设计以及后期运行的时候都要确保电力系统的充裕度。

规划阶段。预测未来电力以及电能量的需求；收集以及分析相关设备数据、设备技术以及设备经济；评估电力系统的性能，明确系统中薄弱的地方，采取相应措施将其解决；选择制定方案中的最优方案。

制定有关可靠性的准则。可靠性的准则中应包括电力传输系统、发电输电合成系统、电力系统，可靠性有两类准则：变量准则，性能的试验准则。

三、评估的方法

建立评估模型。根据系统的以往行为，建立对可靠性进行评估的模型以及对评估进行响应的软件。一般情况下，对评估模型采用的是分析方法以及模拟方法。但是由于计算量可能会存在误差性以及可变性，所以在使用这良好总方法的时候要有机地相结合起来，才能让建立的评估模型具有可靠性。

建立管理系统。观察设备在现场的运行状态并做好相应的记录，使用计算机对数据进行计算，让计算后的数据能够达到评估对其的要求，管理系统的作用在于能更好地让信息资源得到发挥。

四、目前我国在供电系统中所存在的问题

（一）定位故障和隔离对供电的影响

在供电系统发生故障时，第一时间就能进行供电故障的准确定位和及时恢复电力是一

项重要的工作内容。因此，若将智能设备引进电力企业的供电系统当中，既能大幅度缩短处理供电故障的时间，又能以最短的时间恢复对住宅用户的正常供电。因此，工人们可以借助远程科技对供电故障位置进行操作，可减少手动操作的频率，同时提高供电故障处理效率。还可以运用网络线路更加快捷的实现操作，并对故障进行远程隔离，大幅度缩短停电时间，提高供电可靠性的程度。

（二）供电可靠性的管理仍不够规范

多数企业对供电可靠性的管理并不十分规范，主要还是体现在对供电计划和生产目标不明确。在日常生活中能经常看到临时停电的状况，而且相对来说这种状况也很频繁。同时在供电管理的过程中，许多部门的职责与管理流程不明确，责任分配模糊，对用户用电的反馈和审核工作不到位，基层人员的工作责任心差。

另外，电力企业的供电资料比较匮乏，导致与实际工作内容衔接不紧密，对供电情况所统计上报的资料，没有进行实地更新与管理，进而导致对供电系统可靠性的探究过程中相关资料与信息无法整合。所采用的紧急应对措施也不具有针对性，导致供电故障无法及时修复，耽搁用户正常用电生活。

五、提高供电系统安全性和可靠性的措施

（一）加强一次设备主要零件检修

断路器。通常会出现接触不良和温度过高或是其他的物理损坏等问题。在进行检修时首先应切断电路，其次换上备用断路器，最后才对故障进行排除。

隔离开关。是一个面积较小的配件，由于常接触到其他设备的配件，所以常会出现发热现象，可能会导致一次设备中的接线座被熔断的现象发生。在更换断路器时，对于质量应进行严格的审核。

变压器。一次设备的核心部位，是主要的变电设备。一直以来对变压器的故障预测和检修工作都是变电一次设备检修工作的重点地方。变压器主要由变压器身、油箱、冷却装置、套管等这些部件组成。

变压器的绝缘。有些问题很难通过肉眼来分别，如变压器绝缘部位是否出现老化。目前对变压器绝缘部位的检测方式有电气试验、油简化试验或绝缘纸含水量试验等，如发现变压器绝缘老化或受潮等问题需立刻处理，保证变压器正常运行。

熔断器。易出现问题：由于温度较高从而导致和熔断器相接触的部分被烧坏；质量存在问题；型号可能出现问题；安装技术问题；在运行过程中出现问题，因此影响了熔断器的接触。如接触不良则需重新连接；如果出现型号不对或产品不达标问题熔断器就会被烧坏，这时就需更换质量合格、型号适合的熔断器，以此满足一次设备的运行需求。

（二）加大应用先进设备

随着现代技术的不断发展，可在电网中使用先进的设备，尤其是一些维护周期较长的设备，使用先进的设备可减少设备维修次数以及维修人员时间。因此应加大对新设备的应用以及推广，从而将供电系统的安全性和可靠性提高。

（三）确保充足的维修人力

我们无法避免供电系统会出现故障，但出现问题后可以保证第一时间对供电系统的抢修以及维护，所以在不同的地方应当配备相应的抢修人员，能确保在第一时间恢复电力。维修人员应对不同的供电故障情况进行总结，针对这些情况及时做出预防措施，避免突发事件的发生。

第四节　电力系统安全通信机制的探究

随着我国电力企业的快速发展，有关于电力系统安全通信机制的研究受到了社会各界的广泛关注，本节对当前电力系统安全通信标准以及安全通信机制的基本设计方法进行简要概述，然后提出保证电力通信系统的完整性、及时加入通信身份认证以及注重对信息的保护三种优化电力系统安全通信机制策略。

在我国实现现代化进程中，随着电力产业的快速发展，受外界环境的影响，电力系统在运行过程之中的通信安全隐患始终存在，一旦在运行中通信系统出现问题，不仅会影响整个电力系统的正常运行，而且还会给后期的维护工作造成巨大的困难，所以对电力系统安全通信机制进行分析研究具有重要的现实意义。

一、电力系统安全通信机制

（一）当前电力系统安全通信标准

电力系统通信安全标准技术委员会为 IEC TC57，构建此委员会的目的是为了打造一套可以满足于电力系统运行需求的国家安全通信标准，但是在 1997 年以后，电力系统通信安全标准技术委员会认识到了当前电力系统通信中存在的隐患，所以便成立了 WG15，主要负责研究电力系统中的安全措施以及不同环境下的问题解决手段。其中 IEC 62351-3 是整个电力系统的安全保证，可以为 TCP/IP 通信协议提供基础的安全运行环境，此安全标准仅仅是在传统因特网的基础上增设了传输安全协议，并且对内部的信息进行了加密处理，保证整个电力系统的通信安全。IEC 62351-6 是在 IEC 62351-3 基础上的更新，其中不仅应用了 IEC 62351-3 的安全传输协议，而且用户还可以根据自身的需求自主定义其中的 SMV、GSE 等协议，此种协议可以直接在链路层上建立，不仅可以满足电力通信的基础需求，而且还可以保证信息传输的实时性。

（二）电力系统安全通信机制的基本设计方法

现阶段，电力系统安全通信机制的基本设计方法主要有以下几种：第一，直接应用法。此种方法在当前电力系统中应用较少，主要应用在网络通信系统较为成熟的区域内，此通信系统中的安全性可以保证，可以将安全通信机制直接应用在内。ICE 62351-3 便是典型的直接应用法，将其中的 TLS 直接应用到 TCP/IP 类型的通信协议之中，可以实现电力系统的通信安全。第二，借鉴修正法。对于少数网络通信较为成熟但是通信环境较不理想的电力系统来说，可以在原来的电力系统通信安全机制的基础上，依据当前电力系统的实际运行情况，对所使用的安全机制进行改写或者扩展，进而满足电力系统的基础通信要求。在 ICE 62351-4 之中，便是将传统的 ACSE 安全机制进行改写，将 TLS 融入其中，进而实现了电力系统通信基础要求，使得此机制可以运用在电力系统之中。第三，独立设计法。若在网络通信之中难以找到可以符合电力系统正常运行的方案，并且电力系统的通信过程具有一定的通信特点，则需要根据实际的通信需求组织专业的通信人员对电力系统的安全通信机制进行地理设计。ICE 62351-5 便是通过独立设计法而设计出来的通信机制，此种设计机制不仅可以在相关的链路层上建立通信协议，实现实时通信，而且独有的通信安全机制还可以保证通信的安全性，满足了特定电力系统的运行需求。另外，此种安全通信机制是利用 MAC 方法设计出了一种通用的安全报文，可以为后期电力系统通信安全机制的设计提供基础借鉴理论。

二、优化电力系统安全通信机制策略

（一）保证电力通信系统的完整性

电力通信系统安全的完整性整个电力系统各个环节内部所使用的参数可以实现准确无误，但是现阶段的电力通信系统中存在少数非法人员通过一定的非法手段对电力通信系统中的参数进行恶意修改，进而使得整个电力系统的通信机制难以正常运行，给电力单位造成巨大的经济损失。一般来说电力通信系统的完整性主要包括过程完整性、系统完整性以及数据完整性，其中最为严重的完整性破坏是对数据完整性的破坏，它指的是非法人员对变电站内部 SCADA 参数的修改，此种修改不但难以被检测出来，而且会使得数据不能达到原有的目的。所以电力企业应该采用以下几种措施：第一，要求企业内部的工作人员在使用网络时安装杀毒软件，提升网络安全意识；第二，定期组织工作人员对变电站内部的 SCADA 数据进行系统性的检查，一旦发现内部的数据异常，应该及时解决，以免后期对电力系统产生负面影响。

（二）及时加入通信身份认证

随着我国网络技术的发展，部分不法分子会假装成工作人员进入网络系统中，所以对此种现象，工作人员应该及时加入通信身份认证，若工作中发现有身份不明的人员进入网络系统，或者出现系统安全通信机制参数的修改现象应该第一时间对其身份进行二次确认，必要时利用电话咨询此种参数修改是否正确，进而保证电力系统安全通信机制可以正常使用，实现电力系统的顺利运行。

（三）重视对信息的保护

虽然我国在电网建设之中取得了较为显著的成绩，但是在电力系统运行过程中，隐私信息被盗取的现象频频发生，此种信息可能是电力系统的运行数据，还有可能是用户的用电数据，若此些数据泄露，对用户和企业都会带来安全隐患。所以对于供电公司来说，应该保证电力系统安全通信机制保护企业内部信息的安全，并且充分考虑各个方面的影响因素，尤其是对于远程数据监控方面，电力企业可以使用标准设计通信安全机制，不仅可以实现信息的远程实时监控，而且还可以保护用户的隐私信息。另外，在变电站方面，工作人员可以根据其内部的远程配置情况，选择合适的信息通信安全机制，例如 SML 安全机制，进而满足 SCL 在配置过程中的安全需求，并且由于此通信系统具有松散性的特征，所以使得此通信机制更加适合于 MMS 通信协议之中，不仅可以满足电力系统的正常运行条件，而且还可以在系统的外部与内部之间增设一道保护屏障，实现对整个电力系统外部以及内部的有效保护。

综上所述，电力系统中的安全通信机制是保证安全系统可以正常运行的基础条件，是保证电力系统中各种信息安全的重要手段，所以电力工作人员应该保证电力通信系统的完整性、及时加入通信身份认证并且重视对信息的保护，为电力系统的通信提供保护手段，实现电力系统的快速稳定运行。

第五节 互联网背景下电力系统的运维管理

在电力系统发展的过程中，其运行的情况会给电力企业的经济效益带来非常严重的影响，除此之外还会关系到电网运行的安全。因此在电力系统运行的时候一定要做好维护管理工作，以保证其运行的高效性。目前在互联网发展的背景之下，各项信息技术不断涌现，原先的电力系统面临着信息运维管理等方面的巨大挑战，电力行业也发生了巨大的变革。针对于此，在这样的环境之下如何进行运维管理已经是所有电力企业应该关注的问题。所以本节将会对其电力系统信息化发展过程中的制约因素展开分析，然后对其管理和实践工作的内容进行分析。

由于科学技术的进步以及信息化技术的发展，电力行业的发展取得了相当大的发展和突破。从目前电力行业的发展情况来看，其中仍旧还存在着很多的制约因素，比如企业决策者的因素、资金的投入因素等等，正是因为这些因素的存在才使得其系统的信息化发展受到了一定的限制，其信息化水平仍旧不高，相关的基础设施的建设也比较薄弱。针对于此，在这样的社会背景之下，该企业一定要对自身的运维管理模式进行创新，对其系统运行和维护加强控制，保证系统运行的稳定性和连续性。

一、电力系统运维管理的必要性

对于电力企业来说其运维的主要工作包括了对故障的处理，进行业务的受理，进行相应的变更操作以及对设备设施等进行日常的维护和巡视。但是在实际情况中这些基本的内容在操作的时候经常会出现一些问题，这主要就是缺乏一定的管理，或者是管理手段仍旧比较落后。

在当下很多电力企业自身的系统信息化水平还是非常落后的，相关的基础设施建设仍旧很薄弱，所以就必须对电力系统的运维管进行改善和加强，借助互联网的信息化背景，实行信息化的管理模式。加强了运维管理之后能够对其运维中所存在的各项问题及时进行解决，能够将其企业中的工作人员自身的专业素质予以一定的提升，以保证运维的工作效率；另外加强管理之后也能够使运维更加具有规范性，更加有利于及时进行管理，也能够进一步提升管理的信息化；除此以外还能够给企业带来很多的经济效益。使电力企业能够取得长远又合理的发展规划，最终实现资源利用最大化。

二、系统信息化发展过程中的制约因素

（一）企业决策者因素

在电力系统信息化发展的过程中经常会受到领导因素的制约，主要包含了领导自身的专业素质以及领导的意愿等，这些因素往往会严重制约着电力企业信息化的发展。要是企业的领导自身不具备一定的信息化素质以及对于信息化的认识不够到位，其企业就无法进行信息化的推广和发展，甚至有些领导会因为自身的认识不足，对信息化产生了一定的偏见，还会亲自阻挠信息化进入到电力企业之中。要是其企业中的领导者自身具备一定的高素质，能够正确认识信息化的发展，就能够将信息化的建设放入企业未来的发展战略之中去，然后以此推动企业的信息化发展。在企业信息化工作进行过程中有一个自身具备很高信息化素质的领导便能够促使该工作顺利进行。

（二）专业人才因素

不管是哪种类型的企业，要想获得发展以及信息化的推进最不能够缺少的因素就是人才的应用，对于电力企业来说也是如此。一般这类人才，自身是先要具备很高的专业技能，

除此之外还要具备一定的信息化素养，能够对信息化有正确的认识和见解。在电力企业信息化的发展过程中必须要依靠这些技术性人才的帮助以及付出，但是实际的情况中这种类型的人才目前非常缺乏，主要原因是很多高校在进行人才培养的时候对其不够注重；另外很多人对该专业的认识也不够到位，正是因为人才的缺乏导致了整个信息化行业的发展受到制约，也导致了电力企业信息化的发展进程受到严重的阻碍。

（三）资金投入限制因素

对于电力企业来说推行信息化是一项非常复杂的系统性工程，在这其中需要投入大量的资金才能够获取一定的经济利益。目前很多的企业在前期的资金投入中基本上都是依靠自身资本的累积，并没有一定的政策扶持以及其他一些资金渠道的支持，所以就造成了投资力度不足，影响到了信息化的发展速度。因此其经费的投入力度也造成了信息化发展受到制约的关键因素，目前电力企业中信息化的发展必须要依靠强力的资金投入，相关的政府部门以及社会中其他一些具有雄厚资金的企业要能够掌握其发展的优势，加大对电力企业信息化发展的投资力度，使其发展速度能够得到提升。

三、管理与实践工作内容分析

（一）事故管理

从字面意思来理解事故管理就是对一些突发性的事件能够在第一时间内做出响应，并且能够根据发生的具体原因及时进行处理，以帮助电力企业可以快速地恢复基本服务，然后对事件后续的发展以及处理结果进行追踪，保证其不会再次发生。在其管理过程中事故的管理是一种从始至终都存在的内容，它能够对一些引起故障的原因以及服务质量下降的因素进行记录，使得电力系统运行能够维持基本的连续性和稳定性。图1是其管理的基本流程。

在事件管理中主要包含有五个方面的内容，一个是进行资源申请，一个是故障的报修，另外还有投诉管理等等。其管理的重点方向则是要能够对事件进行快速反应、快速处理，使起电力系统能够快速恢复。

（二）问题管理

问题管理从一定意义上来进行理解就是对其运行维护中存在的一些潜在问题及时查找出来，然后对该问题进行分析，最终制作出来一定的解决方案以及工作机制等。在这一管理过程中主要包含有对问题的申报、问题的审批、问题的处理以及问题的归纳等具体内容。该管理存在的主要目的也就是能够及时提供出来电力系统发展中一些突发事件的处理方式和彻底的解决方案，以及对一些潜在问题制作出来应急方案。

在问题管理中主要包含有四个方面的内容，包括了对实践中一些问题隐患进行申报，然后再进行审批，最终进行处理和归档，使得这些问题都能够有一个对应的解决方案进行处理。

（三）配置管理

在这其中配置管理所起到的基本作用就是能够给电力企业的发展提供一定的信息化基础设施的相关信息。在该内容之中具体的工作就是对一些已经处理过的事件的整改计划以及对还没有进行处理的事件做出详细的记录，然后形成一个事件的数据库以及对应问题的数据库，这样在发生类似问题的时候就能够通过服务台及时对相应的数据进行查询以帮助其可以更加快速地对问题进行处理，使得同类事件处理的效率能够得到有效的提高。

在配置管理中主要是将数据库作为其核心内容，然后运用自身的数据库给其他服务提供一定的信息支持，以保证相关人员能够在最快的时间之内掌握到基本的信息系统，针对于此做出决策。

（四）发布与变更管理

原先的电力系统运维模式中要是出现一些突发性的事件的话，就会因为其本身没有相应的处理流程以及具有规范化的运维管理制度和体系，使得在处理事件的时候往往很难下手，这样就会使得电力系统长时间地处在一个服务中断的状态下，使得电力企业的工作效率受到严重的影响。总的来说还是企业缺少具有规范化的管理体系以及比较精细的管理流程，在新型的运维模式中变更管理能够对各项操作流程进行规范，加强操作上的管理，将出错的频率大大降低，给信息化水平的提升产生了非常大的助推效果。其目的主要在与能够降低因为变更而产生的一些服务中断的事件发生的频率，以保证系统运行的稳定性，使得整个服务可以更加连贯和有序。

对于一些管理信息内容进行发布的时候经常会涉及其软件代码的修改操作、职能的转变操作，还有对于一些新版本上线进行测试的操作等等一些基本的工作。在发布管理中就包含了对一些功能的测试以及相关发布内容的应用方案和评价工作等等，另外还涵盖有对各项信息以及文件进行验证和归档的工作。

通过以上的基本分析能够发现在互联网的背景之下电力系统的运维管理必须要向信息化的方向发展，只有实行信息化发展才能够保证其运维管理的有效性，才能够将运维管理的进行加强。对此要对其中所有的阻碍因素进行系统分析，然后应用科学的管理方式进行有效管理。

第六节　电力系统二次安全防护策略研究

在信息社会中，电子网络信息技术与现代信息技术和现代社会生产的发展相结合，被广泛应用于现代电力企业的电力系统二次保护中。电力系统二次安全保护是网络技术发展和管理手段的必然要求。针对我国电力系统二次安全防护体系的现状以及如何采取科学有效的保护措施来保护电力系统免受现有问题的影响，期望相关从业人员对电力系统的安全保护给予足够的重视。提高城市电力系统的运行的可靠性和安全性。

随着经济和社会的不断发展，中国的电力需求呈现出快速增长的态势。2016 年，全社会用电量同比增长 5 个百分点，增速同比提高 4.0%。目前，计算机信息技术已广泛应用于各个领域。特别是在智能电力系统的建设中，在电力管理当中的信息网络技术发挥着越来越重要的作用。传统的手动监控系统逐渐被自动控制系统所取代。与此同时，复杂的控制系统也掩盖了网络信息的隐患。为此，国家制定了电力监控系统保护和电力监控系统二次保护的相关规定，以确保电力监控系统的安全，稳定与正常的运行。

一、当前我国电力系统二次安全防护的现状

随着我国科学技术水平的不断快速发展，我国的电力系统的二次安全防护策略也在不断地进行着更迭，不断地与最新的科学技术相结合，使得我国的电力系统的二次安全防护策略在不断地与时俱进，但是由于一些特殊的因素，在电力系统的二次安全防护策略的实际的使用过程当中，仍然存在有一些由于黑客使用的恶意的代码而导致的电力系统的二次安全防护网络受到恶意的攻击，这也导致我国当前的电力系统的安全事故频发，而由于这些事故，有时会导致较为严重的电力事故，因此，我国的电力系统的二次安全防护策略需要进一步的加强，通过添加更加有效的措施来防范来自各种恶意代码的攻击，进而防止电力系统当中事故的发生，使得我国的电力系统能够更加稳定安全的运行，当前，我国的电力系统的二次安全防护策略还没有较为有效的安全防护标准，而这也使得我国的电力系统的二次安全防护策略有着较为严重的漏洞，所以需要建立一个二级的安全防护系统，使得其能够在黑客进行恶意代码入侵电力系统的时候起到一定的作用，除此之外，当前电力系统的二次安全防护策略的反病毒系统对于一些病毒的入侵仍然无法进行有效的防护，所以为了确保电力系统的安全运行，我国的电力系统的二次安全防护策略需要进一步的改进。

二、电力二次安全防护工作中存在的问题

（一）数据安全和异地备份问题

如今，绝大多数电力企业没有有效地备份不同地区的大面积数据。他们经常的采取移动硬盘的方式拷贝以及 CD-ROM 录制的方式。虽然它可以节省大量的时间成本，但是对整个数据的备份上的工作量非常大，而且在使用数据的时候也更加的麻烦。应采取有效措施，实现不同地区数据的同步备份。

（二）软件防护手段不到位

在当下，电子计算机技术随着科技的发展在不断的高速发展，所以计算机病毒对于电力系统的入侵非常严重，所以对于电力系统的安全防护仅在硬件上的保护不能够完全的保护电力系统，所以需要在软件上做进步防护来保证电力系统不受恶意代码的入侵，只有在软件与硬件的双重防护之下才能保证电力系统的安全与稳定的运行，而在实际的电力系统的软件防护工程当中，存在一定的缺陷导致电力系统对恶意代码的防护不够完全，这种安全漏洞主要表现在以下的几个方面，包括端口检测，内部病毒的检测，攻防行为的检测，客户的访问记录以及防病毒软件的升级等方面，所以只有对电力系统的软件进行好适当的保护措施之后才能对电力系统的二次保护工作进一步的加强。

三、加强电力系统二次安全防护的相关策略

（一）进一步的加强电力系统二次防护的网络系统

电力系统当中的防火墙有着两个重要的功能，其中之一是对于黑客恶意代码的攻击进行防范，另一个是对于入侵电力系统的病毒进行防护，所以防火墙在电力系统的安全防护工作当中有着非常重要的作用，在有危险因素的入侵时，安全检测系统会及时的向防火墙发出警报信号，此二者的相互协调工作对于电力系统的二次安全防护工作有着非常积极的作用。

（二）建设更好的计算机网络信息架构

对电力系统的计算机安全防护系统的建设与进一步的改进对于实际的电力系统的工作有着较为重要的作用，电力系统当中的电力隔离自动化系统，发电系统以及电力信息流的监测系统都属于电力系统的信息安全保护系统，只有有关的技术人员对其中的信息安全保护系统进行隔离，才能够制定出更加稳定与安全的电力系统防护策略。根据既定的安全目标标准。为确保在电力企业的正常生产经营中，三个系统实现独立，无干扰，增强整个电力系统的安全性，稳定性和及时性，并实现最高的运行效率。

（三）建立病毒防护体系

电力系统的保护当中，对于入侵计算机的病毒的安全防护体系的建设有着非常重要的作用，整个系统中的关键安全保护设备是过滤防火墙，广泛应用于电力企业的大多数保护系统中。其工作原理是通过对数据源地址的访问，以及对其协议类型的访问与端口号数据的收集，来对传输的大型数据库的信息进行全面的检查。

在当下，随着我国经济的进一步的发展，我国的科技水平也在不断地快速发展，所以电力系统这个在当下至关重要的基础设施对于我国的发展有着很重要的作用，所以为了保证我国的快速发展，就必须要保证电力系统的安全稳定运行，所以需要不断地对我国的电力系统的二次安全防护工作做进一步的完善，对此，有关技术人员应当对于电力系统当中所出现的漏洞作针对性的技术改进，使用更加高级的现代化技术来避免恶意代码对电力系统的入侵，防止安全事故的发生，进而保证我国人民的生命与财产安全。

第七节　电力系统安全监控的理论及方法措施

电力支撑着国家经济的发展，电力系统运行的稳定性关系着国家经济的发展，也关系着社会的和谐和稳定。而随着电网规模的逐渐扩大，其所发生的安全事故的影响范围也越来越大，安全问题更加凸显。本次研究就针对电力系统安全监控的理论和方法措施进行了详细的探讨，希望相关人士借鉴。

数字化时代的来临，促进了电力系统信息服务功能的完善，这也在一定程度上扩大了电力企业的产业规模，而以当前电网的运行情况为出发点，可以发现，电力系统运行的稳定性在一定程度上与电力系统信息功能的正常与否有着密切的关系。所以，提高电力系统安全监控的水平，使电力系统在运行中所遇到的安全隐患问题能够得到及时的处理，为电力企业作业的高效性进行做好保障。

一、电力系统安全监控的理论

目前，电力系统安全监控的思想大都是建立在可靠性理论的基础上的，然后再根据所选定的可靠性准则所计算出来的可靠性评估指标，并将此评估指标作为对电力系统进行安全监控的依据。但是，目前由于类似于事故链的多个事件的并发以及小概率事件的计算等问题在对其计算起来都非常复杂，加上其发生的概率非常小，导致这种可靠性的计算方法忽视了对这些事件的计算。但是有大量的实践证明了，多个事件的并发和小概率事件也正是电力系统进行安全监控一定要认真考虑的核心问题。所以说，从监控人员以及监控设备安全性的前提进行考虑，应该对相关的监控理论进行完善。

（一）电力系统安全性的分析

对电力系统的静态运行情况进行安全分析，也指的是当电力系统发生安全事故后稳态运行情况所发生的安全性，但是对于当前运行状态后向事故稳定状态的动态转移情况不做任何考虑。预想事故应集中系统中电气支路的连接和断开，以及系统中发电机的连接和断开，对这两种事故的安全性进行评定。此时利用电力系统的安全性分析，能够简单、快速、并且便于实施计算。但是对于一些比较严重的安全事故（如大负荷线路的断开或者连接，大机组的断开或者连接等），在对其进行处理时，采用电力系统进行安全分析时，其结果的精度就会比较差。一般情况下，电力系统的动态安全分析是对预想事故后系统的暂态稳定性进行的评定，传统的方法则是离线计算的数值积分法，也就是需要在各个时间段对描述电力系统运行状态的微分方程组进行求解，进而得到每一种状态下，其变量随着时间所变化的一种规律，通过计算出的这种规律对电力系统运行的稳定性进行判别。此种方法优点如上，但是也存在这一些缺点，如最为明显的一点就是计算量比较大，并且所得出的结果只是电力系统运行的动态过程，并不能对电力系统运行的稳定性进行迅速的辨别，所以，未能很好地满足实时要求。

（二）电力系统的等值

电力系统控制范围的扩增以及互联网的形成，导致在对电力系统和规划设计和运行方式进行计算的过程变得更加复杂。为了降低计算机的负担，可利用等值，将原先的计算过程用等值参数进行代替，则能够有效缩小电力系统的规模。计算等值的方法有拓扑等值法和相非拓扑等值法。

二、电力系统安全监控的措施

（一）安全稳定控制电力系统的分层与协调

由于考虑到电力系统具有分布地域广、暂态过程发展变化快等特点，所以，在对电力系统的状态信息进行收集时，一定要在较短的时间内完成，这样才能实现全网的集中控制。但是这种控制方式不但在技术上难以实现，并且其还存在着比较差的扩展性和安全性，另外，外经济上也并不可取。因此，结合电力协系统运行的实际情况，采用分层控制的方案比较可取，也就是将整个电力系统逐层分解成若干个子系统，再根据各个子系统的特点，安装一些局部控制装置，若干个局部控制装置最终组成一个综合性的安全稳定运行控制装置。如中央调度控制装置是由远端系统和计算机共同组成，并将此装置放置在中央调度中心，并且电力系统运行中的所有的信息都是由此装置进行收集和处理，同时还要对计分区局部装置的工作进行协调。而子系统的主要控制装置是由远端系统和计算机所组成的，将各个子系统的控制装置在地区调度所或者枢纽变电站内，由其对各区域内电力系统在紧急情况下的安全稳定运行的运行情况进行控制。

（二）安全稳定控制电力系统的微机化和智能化

计算机技术的迅速发展，使其在各行各业的发展中得到了广泛的应用。电力行业也不例外，电力系统已经利用计算机技术构成了继电保护装置和安全自动装置，所有的装置都具有综合性的功能，如常见的快关气门、电气制动、PSS 等组成的发电机综合控制装置。此种装置通过计算机技术实现了装置的创新，其能够对收集到的信息进行实时处理，并且对部分装置进行协调和控制，由于其具有这种优势，所以，当电力系统线路中出现故障后，继电保护装置就会在最短的时间内对故障点以及故障的范围做出准确的判断，进而采取有效的控制措施，将电力系统中的故障及时消除，将故障所造成的影响降到最低。再比如，利用计算机技术所构成的新型继电保护装置，不但能够对其中的信息进行实时计算，还能对继电器难以实现的一些功能进行模拟。

（三）对电力系统在线实时安全稳定的分析和控制

对电力系统的运行情况实时安全稳定的分析和控制也是现代化电力系统进行安全监控的主要发展方向。目前，我们从理论和实际两个方面着手来保证电力系统运行的稳定性。在理论方面，重点对大系统分解成局部系统，进而通过局部控制保证整个电力系统稳定运行的情况进行分析。而在实际中，需要对利用实时状态量构成稳定性的实用判定依据进行研究。我们将在线实时安全稳定监控功能的发展分成了两个阶段，第一阶段则需要实现在线预想事故下的动态安全分析，也就是说当判断出可能要发生预想事故时，要及时对系统在预想事故下运行的稳定性进行判断，进而为电力系统的安全稳定运行提供各种安全的自动装置以及保护控制方面的协调方案。第二个阶段则是实现在线的安全稳定闭环控制系统。在经过大量的实践后，第一个阶段方面的研究已经取得了相应的成效，国内外有电力企业已经将其试用在了电力系统电路的运行中。并且，专家们一致认为，计算机技术、现代通信技术的广泛使用，在线的安全稳定闭环控制系统的建立也会在不久后变成现实。

总之，电力系统安全监控方案以及实施措施应该在最初电力系统进行规划和设计的时候就考虑进去，各个规划部门以及设计部门以规定的可靠性准则为依据，对电力系统在各个发展阶段地的规模进行校核，不但包括电力系统中发电机的容量以及配置等，还包括整个电力系统电网结构的输送容量，在校核完后，使电力系统中的发电机和整个电网结构均能够与电力系统中各个地区负荷的增长情况相适应，并预留好备用的容量。这种电力系统发展规模与地区负荷增长情况的适应，需要在有功功率和无功功率均达到平衡的状态下进行，如果无功功率不足就会导致线路中电压下降，造成电力系统瓦解，同时也要注意各个薄弱环节的结构，避免安全事故的发生。

第八节　提高电力系统供电可靠性的方法

供电企业需加强对电力可靠性管理的重视，以保证供电质量和效率。同时，需完善供电技术，加强电力管理控制，以降低电力故障发生率。本节重点分析了电力系统供电可靠性中存在的问题，提出了增大供电可靠性的方法。

电力系统向用户提供电力的过程中，需保证电能的持续、有效供应，以保障用户的正常生产、生活。供电可靠性是衡量电力系统电能质量的重要指标，也是衡量国家电力企业发展水平的重要标准。电力供应可靠性关系到电网规划、电网运行以及电网管理等多个环节，因此提高供电可靠性将有利于提升企业竞争力，树立良好的社会形象。

一、电力系统供电可靠性的内涵

供电系统可靠性主要包括电源可靠性和系统可靠性。我国《民用电气设计规范》中明确规定了供电电源可靠性。对于一级负荷供电系统，需设置两个电源进行供电。如果其中一个电源出现问题，另一个电源将承担供电任务；对于二级负荷供电系统，必须设置两条回路，回路中可设置电缆或者架空线，以有效解决小范围供电困难的问题；对于负荷较高的系统，还需加设应急电源，避免故障时发生大面积停电现象。如果建筑物中设置两个电源，需采用同级电压的供电方式，以提升电压利用效率。不同地区的供电需求和供电条件存在差异，需根据具体情况设置不同级别的供电电压。《民用电气设计规范》中也明确规定了系统可靠性，先在供电过程中采用两条供电线路，如果其中一条线路出现问题，另一条线路必须满足所有级别的供电需求 [1]；对于 10 kV 供电系统，配电技术需在两级以上，且采用环式或者树干式电网构建方式。

二、电力系统供电可靠性存在的问题

随着我国供电系统的发展，电网建设力度不断加大，电网网架结构不断完善。但是，我国的电力供应中仍存在很多问题。例如，部分电网结构设置不合理，无法满足人们的用电需求；供电范围较大，投资较多，影响供电导线的裕度和电路间的互供能力；电网运行中，部分枢纽变电站或者供电线路存在故障，导致大面积断电；特别是农村供电系统，线路老化严重，线路运行环境恶劣，导致电力事故发生率不断增加。虽然通过电网改造和实施检修计划提升了线路运行的安全性和可靠性，但是在具体落实中仍存在检修周期长、电网改造不彻底等问题。

三、影响电力系统供电可靠性的因素

（一）技术因素

随着经济和科技的发展，电力系统获得了飞跃式进步，配电网技术不断改进。传统电力企业一直存在重发电、轻配电的情况，导致我国配电网建设理念和技术相对落后，出现了电力基础设施建设严重不平衡的现象。为解决上述问题，需提升我国电力系统的配电网技术水平。

（二）管理因素

电力企业的用电管理直接影响用户的用电质量。电力企业的传统管理模式注重上级供电任务的下达，轻视用电质量的提高，特别是对农村电网供电可靠性的关注度严重不足。供电过程中，造成电网断电的主要原因是人为或者事故。人为断电是计划性断电，但由于断电计划不合理和断电管理粗放等问题，导致电力企业内部管理问题频发。如果各部门间未做好协调工作，必将导致停电事故处理中发生更多漏洞，如停电次数增加、停电时间延长等，影响供电的可靠性。

（三）自然灾害因素

自然灾害是影响电力系统供电可靠性的主要因素。配电线路和电网设备等长期工作于户外，因此风、雨及雷电对电网的损害非常严重。特别是野外地区，恶劣环境对电线的损害更大。同时，河流的地质作用易导致杆塔出现倾斜和倒塌事故，降低了供电安全性。

四、提高电力系统供电可靠性的对策

（一）加强目标管理和完善考核机制

目标管理模式是当前大部分企业主要应用的管理模式，由美国最先提出。目标管理模式要求企业领导在阶段内制定工作总目标，然后将总目标下达至各个部门，并针对各部门的性质设置分目标，最终由各部门根据分目标要求严格完成目标任务。相对于国外，我国的可靠性管理目标建设仍略显不足。目标管理模式有利于开展主动预防工作，消除被动管理弊端，防止电力检修中出现无序管理，促进供电系统的健康运行。具体地，电力企业引入目标管理模式，各部门做好年度计划工作，并根据具体的工作情况制定可靠性控制目标。此外，制定目标时，需根据地区、城市以及用户的实际情况监测电力传输可靠性水平。目标确定后，电力企业细化总目标，并落实到具体的班组和个人。要完善企业考核机制，严格根据规章制度考核工作人员的具体工作情况，提高供电可靠性。

（二）合理规划停电计划

电力企业的停电管理需保证停电计划的科学性和合理性，通过与各部门协调，制定停电前、停电中及停电后的监管和控制计划。具体地，可针对相应的条件制定停电计划，如停电计划的设置需满足供电可靠性的要求。对于用户的接火停电需求，电力部门需按照电力企业的制度和审批程序提前一个月申请，并根据批示执行，防止重复停电。停电协调中将涉及多个部门，因此电力企业需定期召开配网设备停电协调会议。会议讨论、制定及分析配电网的月度、年度检修计划，同时建设配电网停电联动机制，使主网和配网的建设从立项、设计、施工到后期运行均联动进行，从而保证电力工程施工中停电时间的一致性，防止重复停电。此外，电力企业需做好停电计划的事前评估、事中控制以及事后分析工作，保证停电计划和转电操作方案的科学性。停电后，需监督和控制送电情况。如果无法在规定时间内送电，需及时启动应急管理机制，防止因管理不当降低电力系统的供电可靠性。

（三）加强转供电工作的规范

停电规划统筹过程中，电力企业需根据转供电计划使转电对象逐渐由线路转变为用户。电网转供电过程中，必须严格遵循逢停必转的原则。转供电计划实施前，需处理和隔离电网故障，防止影响非故障段用户的用电。转供电计划实施中，调度中心需制定合理的转供电统筹管理规划，以保证转供电实施计划的科学性。此外，调度中心需统计和分析转供电的月度情况，从而保证考核工作的量化。为提升电力操作人员的转供电效率，需减少转供电时间，要严格按照规划进行电力设备倒闸操作。转供电工作涉及多个区域，因此供电企业需设置多组工作人员，并提升工作人员的相互配合能力，从而提高供电可靠性。

（四）注重配网自动化的建设

配网自动化的建设有利于提升供电可靠性，减少停电时间。电力企业需注重对配电网自动化技术和设备的引入，为配网自动化的发展奠定基础。配电自动化设备具有远程监控功能，可远程隔离和控制配电网的故障，保证供电可靠性。此外，自动化操作设备可通过网络实时监测配电网运行状态，保证电力设备的有效运行。如果电网出现故障，自动化设备将自动上报故障问题和故障位置，有力保证了供电可靠性。

经济和科技的发展使社会对电力的要求不断提升，电力企业需完善电力系统，构建配套设施。目前，我国配电网电力系统的建设在安全、可靠、限时及管理等方面存在缺陷，需加大电力系统的优化力度，保障经济的发展和人们的正常生产、生活。

第九节　电力系统配电自动化的故障处理

随着社会的快速发展，能源需求程度不断加深，这也让电力行业面临更为严峻的挑战。越来越多的先进技术也出现在这一领域之中，推动电力系统朝着自动化的趋势前行。突破了传统的电力供给模式，虽然配电自动化模式带来了许多积极效用，但无可避免也存在诸多问题，因此怎样有效地解决这些运行过程中出现的问题至关重要的。本节就基于这样的背景深入探究配电自动化模式，分析其优势所在，确保配电网工作更加稳定可靠。

科学技术的不断进步，带动着配电体系更加完善，突破原有的模式，朝着规模化的方向发展。传统的供电模式难以符合日趋提升的能源需要，因此就要求结合当前实际，逐步完善供电体系，采取最佳的管理方式，带领配电系统进一步发展，保证时代发展需求。

一、电力系统配电自动化

（一）现状分析

纵观我国内部的供电公司来说，均配备有独立的配电系统，差异化较为明显。通常情况，配电系统整体结构为树状模式，利用线路上搭设的分段装置以及重合装置有效地把控电压，从而提供日常活动所需要的电能。如果系统之中出现问题，要能够及时隔离，跳转到备用路径，保证供电不间断。这样的树状模式将配电过程划分出对应的层级，分别有效管理每一层级的设计，整体上达成节约能源的目标，合理的缩减成本投入。与此同时，电力公司在逐步架构出配电自动化体系中，还应该充分结合外部环境，这样才能够确保电力供应可以适应差异化区域的实际需要。

（二）具体内容

（1）反馈电路自动化。对于配电系统之中，如果期望更好的管理线路，就需要架设反馈电路，推动其朝着自动化趋势发展。在线路运行中自动测定反馈信号，实时把控线路工况，判断存在的问题，及时解决。并且配合先进的远程操控以及智能化技术，通过计算机来检测线路发生问题的情况，同时可以在出现问题后及时隔离。

（2）系统管控自动化。传统的配电系统之中，在一些情况中可能需要人工操作进行信息的采集并将其传入到主控设备中，但是随着自动化趋势的发展，将自动化管控技术运用在实际当中，自动采集信息后传输到主控平台并进行合理分析。此外，还能够控制系统工况达成远程操控。一般来说，自动化管控模式需要同通信和计算机技术紧密结合，达成智能化的目标。首先来说，安全管控自动化可以实时检测系统工作情况，并对可能产生的故障制定有效的解决方案，确保风险处在合理范围，同时保证系统稳定持续运行。在配电系统之中，有时会出现永久性问题，这也能够根据安全管控找出产生原因完成重新架构。此外，信息自动化管控也是必不可少的一环，能够及时地检测系统情况，一方面可以采集信息完成分析后实时反馈，另外也能将反馈信息快速更新，确保信息的真实可靠。

二、电力系统配电自动化的故障及处理

（一）故障

影响电力系统运行的因素众多，因此自动化模式产生问题的原因也不尽相同，其中操作不当、设备老化以及不可抗力等方面是主要原因，一旦出现就会造成系统暂停运作。由于电力系统中装置操作较为多样，既有可以人工操作的，也存在系统直接控制的，而人工控制就会出现误操作，导致系统存在风险，或者是装置自身出现损坏，都会让系统停止。一般来说主要有以下问题：①主所停止工作。加在主所上的电压为110KV，被划分成两条线，进点处电压均为0。②主变设备发生问题。在系统实际工作中，当其中某一个主变出现问题后就会导致保护动作。③环网线路产生问题。系统中差动保护动作后，带动线路开关自动跳转。④框架保护运作。一般在系统中存在两种框架，其一是电压类型，其二是电流类型。前者主要通过负极拒压，当流过的电流变为交流后，直流线路进线和反馈线路同时跳开，将系统变更为单边供应。而后者中又能划分出两类框架，也就是EP-1与EP-2，两者可以一同泄漏保护，出现差异的点只是前者将进线跳开，反馈线路不会变化，而后者则是同时跳开。

（二）处理方式

（1）针对主变发生故障或进线失压的问题。一般会在主变处搭建两种保护设备，分别是瓦斯保护与差动保护。前者主要解决主变在运行中由于温度上升后造成的油气分开，后者则作用于纵差区间内出现的电气问题。当系统中有主变出现问题后就会暂停工作产生警报，控制端会及时采用SCADA系统来针对问题判别类型以及检测线路中开关情况，通过控制人员最终核查后，将收集信息整合成文档提交。系统中出现一路的进线失压后，就会导致主变低压位置开关跳动，因此需要实际判定35KV母联开关情况，如果未出现自投状况，就能够直接合上开关，让系统再次投入使用。

（2）处理环网线路问题时。通常会出现的故障是在电缆接头位置观测到电晕、套管出现损坏以及机械破坏。电缆外表的保护层会由于外力的作用造成铅包损坏，因此，检修人员应该保证电缆处在跳开状态后再处理问题电缆。将其看作进线，自投所属变电站开关，保证区域电能持续供应。这一问题解决中最为重要的就是要检测母联开关的情况。

（3）在完成框架保护的过程中，应该将电流类型作为重点对象，当框架内部整流装置发生问题后，EP-1保护便会开始工作，保证开关动作，这样就不会影响到反馈线路，可以有效地将其他位置的电能调用，确保供电不中断。但是当EP-2上电流器件故障后，

整体线路中开关均会闭合。而为其输送电能的四大分区都会失电。由此来说，能够利用跨区开关解决问题，重新提供单边供电。

三、电力系统配电自动化的优化

（一）加强信息管理

期望更好的处理电力系统运行中发生的问题，就要优化信息管理体系。配电自动化模式中功能种类较多，因此可以看成是不断变化的动态数据库，时刻完成着信息读写与查找。通过信息系统处理的信息，具有实时的特性，并且准确度也能充分满足要求，能够及时地处理规定目标。在信息管理过程中，完成数据收集时，要针对远点逐一扫描，这样才能让数据的时性不断缩减，最终降到最低。信息管理也是自动化模式的基础所在，为了确保信息收集不会发生问题，就要给予高度重视，只有充分了解信息管理重要程度，才能真正发挥作用。

（二）加强安全管理工作

电力系统在正常运行中也要开展安全管理，能够在系统出现问题后及时动作，将危险把控在合理范围内。配电自动化在实际使用时，一旦产生永久性问题，就需要实时测定问题类别，有效切断问题点，快速搭建新的配电系统，让问题及时解决，重新投入使用。在单一线路中，出现问题后，反馈线路断路装置动作，再重新闭合，成功则代表问题解决。而对永久性问题，则会判断问题类别，找出具体位置。电源断开后，跳转到新的系统中，保证电在系统出现问题后也可以稳定供应。

（三）进行电网改造工作

因为我国在电网架设领域起步较晚，同时也没有足够重视，造成同发达国家差距不断扩大。改进电网，要合理的提升电网输送容量，同实际结合后，保证电网质量，优化整体结构，符合基本标准。通常改造中，城市区域要求较高，需要转化成环网模式，结合有关配电自动化模式共同完成。对于系统中出现问题后，要及时地找准问题位置，有效处理，防止出现更为严重的风险。如果紧急情况要安排专业人员利用有关设备实际查找问题发生位置，在配电网带电时完成检修工作，也要结合实际合理的增大覆盖区间。

电力系统配电自动化的实现，能够解决供电的各个矛盾与供电问题，满足当下人们对电力的需求，促进电力行业发展。而对电力系统中故障的处理，要求人们必须会全面分析，根据实际情况找到出现故障的具体位置，及时隔离、处理，只有如此，才可以提高配网自动化的技术水平，让其进一步发展与时代发展情况相符进入另一个发展阶段。

第十节　电力系统信息通信的网络安全及防护

　　电力系统近几年不断发展，信息通信在电力系统的应用发展迅速，但是网络安全却是一直存在的问题。本文通过探究电力系统信息通信网络防护风险，并仔细分析，给出了相应的网络安全防护措施，以期提高电力系统信息通信网络的安全性。

　　随着信息技术的不断发展，信息技术也逐渐蔓延到了电力行业。信息技术在电力系统的不断应用，可以提高生产电力的质量。电力通信系统开始向系统化自动化的方向发展，计算机能够通过智能系统与计算机软件的结合实现办理电子业务等财务管理，简化了系统的流程环节，极大提高了工作效率。随着信息化水平在电力系统的不断提高，电力系统信息通信网络安全就需要达到更高的标准。所以为了持续提高电力系统信息通信水平，本节对电力系统信息通信网络安全与防护进行探究。

一、电力系统信息通信

（一）电力信息通信的特点与现状

　　电力系统的信息通信网络在电力系统中起着举足轻重的作用，其特点也很明显。第一，电力系统的信息网络具有高专业性和综合性。电力信息网络技术专业涉及的知识需要专业的人才才可以能胜任，一般只了解一点的工作人员根本参与不了这项工作。电力系统信息网络技术涵盖的领域十分广泛，主要涉及计算机技术，自动化技术还有电力系统技术，十分繁复。第二，电力系统信息通信网络的环节多且地域性强。其包含的环节有配电、传输和用电等，环环相扣。由于各个地区的发展程度不同，电力系统在各个区域与国家等的要求不尽相同，这就使得电力系统的信息通信网络具有不同的建设规模和运营情况。第三，电力信息网络技术受限于国家的发展程度、政策和科技水平。如果国家的发展程度缓慢，科技水平会受到限制，势必会影响到电力信息网络技术的发展和应用。一旦国家调整在电力系统信息通信网络方面的政策，也会影响到这项技术的发展和应用。毕竟电力系统是一个涉及国家的大工程，涵盖范围广泛，国家的动向会影响到这项技术。目前，我国已经在全国建立起较为全面的地理信息网络，却还是在管理上存在一定的缺陷。这主要是因为我国的国土面积大，各地的科技发展程度不尽相同，对于管理方面就会出现相应的难度。管理人员一直都在寻觅符合我国国情的有效办法和措施，切实解决我国电力信息通信网络的难题。

（二）加强电力系统信息通信网络安全与防护的重要价值

　　电力系统的网络安全防护十分重要，因为在电力系统的运行环节，信息网络出现隐患会直接影响电力系统的正常运行，从而影响供电质量。随着科学技术的不断发展，信息网络在电力系统中的地位越来越高，所以加强电力系统信息通信网络的安全性具有十分重要的意义。

保证电力系统的信息通信网络安全，防止病毒的入侵是关键。"网络病毒"是计算机病毒的一种，具备良好的隐蔽性，而且其传播速度特别快，对电力信息网络产生的影响巨大。电力系统被病毒入侵后，会导致电力系统的信息数据泄露，这样就会影响系统的正常运行。所以，防止病毒入侵对于保证电力系统的信息网络安全至关重要，从而可以避免电力系统的信息数据的丢失。

二、电力系统信息通信网络存在的安全风险

（一）电力系统内部的安全风险

电力系统的内部安全风险属于信息通信网络风险。随着信息技术的不断提高，信息通信技术在电力系统的应用也越来越广泛，一旦电力系统存在较多的安全风险，就会对信息通信系统产生很多危害。电力系统的网络中存在着很多的电磁辐射源，会增加电力系统的安全风险和防护力度。

（二）网络设备安全风险

网络设备的安全风险是电力系统信息通信网络安全风险中最常见的安全风险。由于我国在电力系统的设备的制造上还不成熟，很多电力系统设备依靠国外进口。一旦这些电力系统的设备出现故障，就需要国外的技术人员来处理，因此对于这些设备的质量进行掌控。这些网络设备如果出现安全风险，如被黑客破解密码，就会造成不可挽回的损失。

（三）网络运行管理安全风险

为提高电力系统的信息通信网络安全，我国实施的是内、外网分离的措施。即使采用这样的对策，电力系统在运行环节仍然存在很多的网络风险，之后对电力系统进行了详细的分析，网络运行的管理出了问题。如果管理人员对电力确认系统信息通信网络的管理不到位，可能会泄露大量重要信息。比如在网络运行过程中被植入病毒，就会影响电力系统信息通信网络的运行安全，引发信息泄露造成重大损失。

三、电力系统信息通信的网络安全的防护措施

（一）加强电力系统内部管理力度

电力系统的信息数据传输量通常是很大的，这就需要更加全面而科学的电力系统信息通信网络管理体系。电力企业必须加强建立全面的电力系统信息网络管理体系，只有这样才能保障电力信息数据可以准确地传输。内部管理人员在工作时要对自己的工作负责，加

强对电力系统的信息通信网络系统的风险控制。以下是实现电力通信数据的精准与安全传输的三方面建议：

第一，在电力网络通信技术的建设方面，可以多投入一点资金。在风险风控方面，可以多引进一些先进的国外防控风险的新技术。在电力信息的监管方面，可以实施高效率的监管措施。为防止非法入侵，可以专门对黑客入侵的方向进行研究，同时适时地对系统进行更新。这样才能保证电力数据的准确传输与使用。

第二，设置强力防火墙。加强系统对陌生 IP 地址进入权限管理，未经系统允许，就进入不了电力系统的信息管理中心。

第三，使用密保技术。可以定期更换电力信息系统的密码，或公开密钥，并加密处理电力信息系统的信息。这样基本可以保障电力数据的存储与传输的安全。

（二）提升网络设备的安全性

为提高电力系统信息通信网络安全，就需要在网络设备上提高安全性。由于很多电力设备都是进口的，在网络设备的管理方面，要对设备的使用和运行进行综合管理。为减少进口设备的安全风险，大型电力企业应尽可能采用国产电力网络设备。国产网络设备近几年的性能有所提高，对于安全风险的控制也提升不少，国内先进设备可以对质量达到控制要求。因为我国电力系统的信息通信网络是大范围分布的，数据信息多而复杂，所以电力企业应该对信息进行加密保障信息的安全。

为提高电力系统信息通信网络安全，就需要在网络设备上提高安全性。由于电力信息网络设备的市场在我国比较复杂，很多电力设备都是进口的，网络安全风险大。为了尽量减少进口设备对我国电力系统信息网络的安全风险，在网络设备的管理方面，要根据设备的运行状态进行综合的网络管理。

建议那些大型的电力企业尽量使用国内先进的电力网络设备。因为这样可以保证电力网络设备质量的可控性。一旦电力网络设备出现故障，就可以适时地对故障设备进行维修，减少维修时间。而且现在国内电力网络设备发展迅速，性能可靠。这样大型电力企业就可以有效控制电力网络设备的质量，在电力设备的管理上也会增强，从而可以提高电力信息的安全性。

电力企业应该建设全面的电力数据保护体系。因为电力数据在传输中中断，会减慢电力系统的运行速度。因此，电力企业应采取相应的措施，如对信息数据进行加密，这样就可以减少信息泄露，保障电力信息数据传输的准确性。这样的信息加密方法可以有效解决我国因为幅员辽阔而结构分布不合理的电力信息网络，降低了电力数据的管理难度，保证了数据传输的安全。

（三）提高网络运行管理水平

电力企业应该加强电力系统信息通信的网络管理工作。管理人员应该依据电力系统的使用和运行的特点来对电力系统网络的运行进行优化管理，更要建立全面的管理体系。为完成以上目的，就需要专业的管理团队。专业的管理团队可以使电力系统的网络管理工作的力度加强。像设备下线工作，就需要专业的人员来处理，对工作进行评估和记录，如果是错误的信息可以删除掉。

网络安全管理人员在工作时应该操作规范，有效管理电力系统网络，电力系统的网络设备配置要进一步加强。更应该熟悉诊断故障的各个重要方法，既要保障电力系统的网络正常运行，又要保障电力系统的管理效果，尽量减少管理人员的操作不当使网络受到黑客入侵的风险。网络管理部门在处理离线设备的信息时，为了尽量不发生电力的重要信息泄露的事件，应该多进行员工的安全教育，这样电力系统才能正常、安全、可靠地运行。

为加强电力系统信息网络的安全，可以使用 CA（证书授权）用户身份认证的方法。CA 用户身份认证是对网络证书签名确认，从而达到管理证书的目的。CA 身份认证可以有效限制非法用户的访问权限，避免重要的信息数据泄露，为电力系统信息通信的网络安全提供了保障。

本节为加强电力系统信息通信的网络安全，首先简单介绍电力系统信息通信的特点和现状，之后介绍了一下加强电力系统信息通信网络安全与防护的重要价值，然后提出了电力系统信息通信网络存在的安全风险，包括电力系统内部的安全风险、网络设备安全风险和网络运行管理安全风险，之后提出了相应的保护措施，如加强电力系统内部管理力度、提升网络设备的安全性和提高网络运行管理水平。希望可以对电力系统信息通信的安全防护有所帮助。

第十一节　电力系统中的高压电气试验研究

随着科学技术的不断发展和创新，电力的出现和应用在一定程度上改变的人们的生活方式。现阶段，电力能源已经成为人们日常生活中不可分割的一部分，因此保障电力系统的正常对于保证人们生活质量有着非常重要的作用。与此同时，电力系运行的效果对于国家的发展的也有着非常重要的影响，在电力系统中其最重要的部分高压电气主要集中的地方，对这部分电力系统进行维护的时候，不仅需要的非常专业的工作人员，在维护的难度上也相对较大，一旦在运行过程中的出现问题，不仅会造成严重的经济损失，在一定程度上会对人们的生命健康造成威胁。

对于电力系统而言，做好的相关预防工作是非常必要的。预防工作中非常重要的一个环节就是高压电气试验，在实验过程可以有效地检测电力系统的实际运行情况，并及时的发现电力系统运行过程中存在的问题，有效的处理电力系统中的安全隐患。本节主要对电力系统中的高压电力试验做简要分析。

一、电力系统中的高压电气试验的具体概念

对于高压电气试验而言，其最主要的目的就是对电力系统中的电气元件进行检测，检测其质量是否符合电力系统的使用标准，做好高压电气试验是建立安全稳定电力系统的重要前提。当前社会的发展日新月异，在科学技术的发展方面也非常迅速，新型材料、技术以及设备等不断地出现。电力行业也是一样，不断有新的电气设备出现在电力行业之中，新型的电气设备不管在外观上还是在性能上都产生了巨大的变化，在外形上逐渐缩小，在抗干扰能力上获得了提升，并逐渐向智能化自动化的方向发展。传统的检测方式在对这些设备检测时就会存在很多的弊端，无法实现这些设备全面检测，不能充分保证这些电气设备运行的安全性。为了保障电压电气试验有效开展，需要在检测方式上不断地进行创和发展，顺应社会发展的潮流，可以将先进的计算机技术有效的融入检测工作之中，在新型检测技术的发展中，油中溶解气体色谱分析方法有着非常良好的效果。

高压电气试验具体的检测的时候，涉及的内容相对来说非常多，其中包括电气组件的检测、铜铝金属的检测以及电气元件检测等，检测这些高压电气元件符合电力系统标准以后就会向全国各地的电力企业进行发放，其中包括发电企业以及矿业公司等，涉及很多的电力部门，因此有效的开展高压电气实验是非常重要的，与此同时，还要充分保障检测的质量。

二、现阶段高压电气实验中存在的不足之处

第一个问题就是接地不良。就目前而言，这个问题是高压电气试验中最为常见的一个问题，其排查的难度可以说非常的大，需要的工作人员不停地进行高压电气实验才能发现。通过大量实践活动发展，接地不良问题在电容性装置上体现的相对较多。比如说电压互感器，通常情况下只需将其连接到线路中即可，如果电压互感器中存在接地不良的问题，一旦连接到线路之中，相对于没有问题的电压互感器而言，就相当于多串联一个等效电阻，不及时进行处理时间一长就会对线路造成巨大的损耗，影响电力系统的正常运行。

第二个问题就是引线，这个问题主要出现在一些高压避雷设备中，当遇到的这一问题的时候在处理方面相对较难，因为不能对这一问题发生的具体原因进行精准地确定，一般情况下，高压避雷设备出现引线问题主要有两个方面的原因，一方面就是引线自身的问题，质量不过关或者运行中出现故障问题；另一方面就是绝缘带问题，如果绝缘带老化就会无法达到绝缘效果导致出现引线问题。要想对导线问题出现的具体原因进行了解，就需要对这两方面的内容进行全面的检测，在检测的过程中需要将高压避雷设备上所以引线全部摘除，在一一进行检测，检测工序相对来说非常烦琐，但是如果在实际运行中遇到这一问题就必须要进行处理。因为一旦出现引线问题就会给试验结果带来一定的误差，其误差范围会达到允许误差的数倍以上，严重影响高压电气的试验结果。

以上的两个问题是现阶段高压试验中最为的常见的问题，也是当前检测工作的主要难题，不仅排查的难度大，在排查过程中操作步骤也非复杂，检测过程中需要一直进行重复试验，在一定程度上也会对电气设备造成损耗。在引线的问题中，如果发现并非是引线自身问题，而是绝缘层问题，还需要对存在问题的这部分引线进行去除，对存留的部分还需要进行检测。在实际的检测过程中，对于检测人员的要求相对较高，不仅需要掌握专业的知识理论，在实践经验上也需要非常丰富。

三、保障电力系统高压电气试验顺利完成的具体办法

首先需要在技术上进行强化。强化检测技术是非常必要的，只有这样才能有效保证高压电气试验的正常进行。在进行试验之前，做好相应的准备工作，充分的检测电气设备的性能，特别是接地方面，保证先接地再试验，在试验后期，要保证讲电气设备充分放电后再进行拆除，保证拆除中设备一直处于接地状态，将接地装置的拆除放在最后。在具体的操作过程中，要求工作人员一定要做好相应的防护措施，比如说佩戴的绝缘手套等，如果在检测过程中遇到问题，可以及时的进行处理，这样的可以保证高压电气试验正常进行，与此同时，充分的保障工作人员生命安全。

其次需要遵守规章制度。高压电气试验的操作有着相关规定和制度，在开展实验的时候，需要经验丰富的组长对设置工作进行指挥，在具体操作任务中要将责任明确到每位工作人员身上，在细节上要充分的把握，对于电子元件的选择要严格按照规格选择，在装置完成后，应当进行二次检查，对于常出现问题的地方，要着重留意。在实验中，要加强监控，保证每一位工作人员的安全。

通过上文的具体分析，我们可以清楚的了解电力系统中高压电气试验中存在的问题以及改善的方式。做好高压电气试验工作可以充分保证电力系统的安全运行，对于电力行业的发展有着非常重要的意义。因此，工作人员需要不断地提升自身检测技术，充分的保障高压电气试验的有效开展。

第十二节 电力系统通讯自动化控制

随着电力系统技术的飞速进步，电力系统通讯自动化控制对电力通信设备的要求越来越高。但是，电力系统通讯自动化具有多学科交叉的特点，其专业知识十分复杂和庞大。理论资源、线路资源、设备资源等都涵盖在内。随着网络规模的不断增长，电力系统通讯自动化设备的传输能力和传输路径不断增加，其高速传输也是我们的不断追求。本节通过实际工作，研究了电力系统通讯自动化的控制与工作方式，希望对相关工作提供一些帮助。

当前，随着现代通信技术的不断进步，电力系统通讯自动化控制新技术得到不断更新，

这大大提高了电力通讯系统的通讯支持能力。然而，由于电力通信系统中不断加入新设备的同时，还存在使用旧设备的情况，通讯方式多种多样，导致了通讯自动化设备不能按同一标准进行管理。随着我国电力系统规模的大规模发展，对必要的技术水平和设备要求也越来越高。为了促进当代电力系统更好的发展，我们应努力建立一个全面有效的电力通信自动化系统，在继续研究电力通信自动化设备的设计基础上，实际工作中还要不断改进工作方式方法，根据实际情况找出一种相应的工作模式。电力通信产业的发展过程中，尤其是在复杂的电力系统中，实现更加优质的服务是我们当前的重要工作任务。本节主要探讨了电力系统通讯自动化控制的相关内容，对电力系统通讯自动化控制具有重要意义。

一、电力系统通讯自动化的概述

随着经济的发展，高科技人才和技术层出不穷。在各行业的开发建设中各种新技术、新设备、新技术得到了广泛应用。电力系统通讯自动化控制新技术在日常生活中的作用越来越明显。随着世界开始进入自动化时代，从运营商的通信设备、微波通讯设备和光纤通信设备等方面对电力通讯自动化设备进行研究已成为电力行业研究的重要课题。

（一）电力系统载体

光端机在光纤通信设备中起着重要的作用，其组成部分是发射机和光接收机。光学终端的主要位置在终端机与光纤传输线之间。光发射机由输入接口、光路编码转换和光传输电路组成。光学终端包括商业、监视、报警和供电设备。技术人员必须认真检查和使用光端机，一旦光端机出现问题，设备正常运行的可靠性和稳定性将会出现问题。

1.载波机

载体的结构非常复杂。载体的主要组成部分包括自动液位控制系统、加载系统、调制系统和震动系统。载体类型不同，各系统的原理和功能也有很大差异。该调制系统的主要工作原理是双频承载器通过一次调制将负载信号和采集到的信号传输到线谱上。单侧波载波传输单侧抑制载波信号，通过第二级或更高电平调制获得的信号传输到线谱。自动调平系统的工作原理是通过减小传输功率频率的变化，使得两个带载波的视频分量始终处于传输状态。在接收到相关信号后，双业务频带载波可以通过校验匹配信道中的载波频率分量，在悬臂侧波载体上安装中性调平器，实现自动调平功能。如果系统中提供的各种载波频率出现在两个带载波上，系统的工作原理将实际需求耦合到传输端，通过系统中频和高频载波频率，可以实现载波频率的最后一次同步传输。

2.音频机架、高频架

通信设备在日常使用过程中，由于调度站与变电站之间距离较远，使得载波通信设备在进行拨号时准确性较差，可靠度不够。因此，通常在调度站设置音频帧，在变电站设置高频帧，以便为解决拨号时准确性较差，可靠度不够等问题。在正常情况下，应使用电缆连接音频机架和高频机架，设置好音频架和高频平台后，用户线路将会缩短，通讯质量将会明显提高。

（二）电力系统微波通讯设备

微波站扮演着多种角色，实际工程中有许多类型的微波站。工程师在实际操作中，一般会以实际的微波站类型为基础，从而选择配套的设备，在提高系统的实际效益的同时，为电力系统的发展打下坚实的基础。在实际操作中，电力通信系统中最重要的设备是终端、接收机、发射机和电池。

接收机和发射机的主要任务是传输和接收系统所需的信号信息。接收机和发射机是在发射和接收信道的基础上建立的。增加信号的频率通常是通过加强发射信道和发射机来实现。在接收信道中，接收机的主要作用是降低信号的频率。在发送器中，终端可以按路频采集到信号中，在接收端，群频通讯路径信号将转换为每个信道的实际信号。

（三）电力系统的光纤通信设备

在电力系统中可以通过光纤通信设备实现长距离的传输目的。为了满足实际应用的需要，必须严格控制光终端和光纤线路的衰减。光中继器的主要组成部分是光接收机，定时、再生、光发射机等。在使用光纤设备时，运营商必须保证光中继器有足够的接收和传输设备，以界定公共服务的公共使用绩效。

通信设备是电力通讯自动化装置的重要组成部分，它的功能非常强大，相应的构造也比较繁琐。通信设备的主要功能由调谐系统、载波系统、自动电平调节系统和震动系统等组成，每一系统组成部分在运营商的通信设备中起着重要的作用。载波机主要承载调制系统和载波系统。

数字通信设备是电力系统通信设备的基础，主要部分是基于PCM组和高阶群复合连接设备，数字通信设备在发送多个信号的同时还可以模拟声音信号，是提高设备电力通信自动化水平的重要途径。

二、电力系统通讯自动化控制工作模式探究

（一）自动控制工作模式

通讯的目的是发送和接收信息，输入装置用于将信号转换为电信号，交换装置可用于输入装置与发射装置之间的通讯，提高发射装置的利用率。发射机为了有利于信号的传输可以对各种信息进行处理编码。信息通过信道媒介进行传输，信道有两种，有线信道和无线信道。输入设备和接收设备的主要功能是接收和传送线路上信息，并将信息还原为原始信号。

（二）电力系统通讯信号转换

在实践中，电力系统通信讯号有多种转换方式。基于工作环境和工作内容，目前已经开发了多种不同的工作方式，每种工作模式都有不同的应用范围，但最终目标还是实现电气系统自动化通信的目标。不同的电力通信自动化设备具有不同的应用范围和特点，因此在实际工作中，需要根据工作的具体要求选择设备设计模式，电力通信的研究目标是实现信息的传输和交换。电力系统线路的作用是将信息转换为电信号，然后实现输入设备。发射机的任务是通过利用信道来进一步处理电信号，以满足信道的传输条件。替换设备设计的目的是为了将输入设备连接到发送设备中以增加发送器的利用率，通道分为有线通道和无线通道。

（三）功率系统的信号传输影响因素

在传输期间，组件的信号受到许多因素的影响，例如噪声，不必要的信号等，这些因素都会影响信号的传输。接收设备的功能是从线路中接收信息，传输设备的功能是将处理后的信号恢复为原始信息形式并完成传输。当下，光纤传输是电力通信自动化设备应用最广泛的传输方式。

随着电力通讯业的不断发展，许多电站的建设和电网的复杂模式要求使用先进的通信技术和更好的设备，因此移动通讯和高频通讯在电力通讯自动化设备的设计研发中起着重要的作用。

随着电力工业的发展，在电力系统通信的自动化控制中，大型电站，大型机组和高压输电线路不断增加，电网规模不断扩大，已经形成以网络为中心的专用通信网络方式。因此，电力通信领域的一个重要研究课题是合理规划电网、为电力系统提供高效优质的服务。如上所述，在实际的开发建设过程中，通讯自动化控制在电力系统中的作用已经十分明显。此外，为了提高电力企业的整体竞争力，企业必须对电力通讯自动化设备及其工作模式进行深入研究，并做出相应的贡献，以促进电力企业的发展。

第三章 电力系统自动化的基本理论

第一节 电力系统自动化的发展前景

近年来，随着改革开放的进一步加深，我国市场经济出现了激烈的竞争现象，市场竞争促进了经济的快速发展。在各项事业迅猛发展的大环境下，工业、农业以及人民群众的基本生活用电需求大幅上升，这给电力企业提出了更高的要求。电力系统规模只有不断扩大，新能源的开发只有不断加强，才能满足社会各项事业对电力的需求，这就要求电力相关的新技术要有所提高，而电力系统自动化的广泛应用是提高这一水平最有效的方式。本节从电力系统自动化的特点出发，尝试着阐述电力系统自动化的发展前景。

近年来，随着改革开放的进一步加深，我国市场经济出现了激烈的竞争现象，市场竞争促进了经济的快速发展，在各项事业迅猛发展的大环境下，工业、农业以及人民群众的基本生活用电需求大幅上升，这给电力企业提出了更高的要求。电力系统规模只有不断扩大，新能源的开发只有不断加强，才能满足社会各项事业对电力的需求，这要求电力相关的新技术要研发和提高，而电力系统自动化的广泛应用是提高这一水平最有效的方式。

一、自动化技术对电力系统发展的作用分析

我国地大物博、幅员辽阔，石油、煤炭、水力资源比较丰富，根据我国能源布局的主要情况，电力生产具有区域不均的特点。我国能源大部分集中在西部，西部大开发促进了能源的开发。在改革开放的形势下，我国的市场经济快速发展，市场经济的快速的发展对电力提出了很高要求，电力需要不断增加。国家重点抓"西电东送"项目，"西电东送"对电力需要提供了有力的支持。电力系统的数据测量和处理需要自动化理论和技术。近年来，我国大力开发通信、微电子和自动化测控技术，计算机应用有力的加快了电力系统发展的步伐。当前，我国自动化理论及技术水平已经达到国际先进水平，自动化理论渗透到国家的各个技术领域，这就带动了各个行业的发展。我国电力系统多数沿用信号测量技术，例如电压等级、电源特性、负荷区域等因素都需要信号测量技术。如果发生故障，需要进行推理鉴别，提升信号测量水平对防止故障有重要意义。国际上高科技领域对于电力系统自动化的研究已经取得了很大的成果，自动化理论更多应用于信号实时处理技术上，这些

经验多是发生故障之后总结出来的，所以具有很强的实用性。自动化技术是电力系统创新的一个主要体现。我国电网性质是全国联网，全国联网需要电力系统必须结合实情，充分实行技术创新。自动化技术要求必须建立硬件和软件平台，这样可以为自动化技术处理提供数据平台。电力系统自动化，给输电、变电提供新的保证。自动化有效提高了电力系统设备的灵敏度，提高了电力系统的可靠性。电力系统自动化，是电力系统新时期的主要新型技术。

二、电力系统自动化的技术特征分析及应用探讨

（一）电力系统自动化的技术特征

电力系统自动化指的是电能生产与消费系统，其中包括发电、输电、变电、配电、用电几项内容。这五个工作环环相扣，将自然能源转化成电能。发电是通过发电动力装置操作，然后输电、变电、配电把电能送到各个用户。电力系统在生产电能不同的环节和不同层次都要进行自动化的控制。自动化在很大程度让电力生产科学、高效。我国电网建设、电网改造的主要目标就是建立电力系统自动化，电力系统自动化是电力行业的主要目标。我国各项事业对电力的要求很高，随着城市化进程加大，城乡差距缩小，用电需求逐年上升。现在电力系统自动化技术要求是管理智能化，在设计上，要面对多机系统模型来考虑，理论上要坚持现代控制理论，控制方式上要采取电脑、电子器件、远程通信。自动化设备研究要与操作人员联合工作。电力系统控制研究一直在探索和发展，半个世纪以前，电力系统处于初级阶段。电力系统的发展需要输配电技术不断提高，系统稳定性和电压质量是衡量电力系统优劣的主要标准。电力系统是以动态存在的一个庞大系统，具有强非线性和变参数的特点，具有目标寻优、多种运行方式的特点。在协调方面，既需要本地控制器间协调，又需要与异地不同控制器间协调。实现智能控制是电力系统自动化的目标。智能控制是电力系统自动化发展的新阶段，智能控制有效解决了电力系统控制方面难以解决的电力系统控制问题，智能系统适合复杂的电力系统，比如，模型不确定、具有强非线性等复杂系统。智能控制系统具体应用在很多公共事业中。智能控制非常有作用是因为它的设计基于人工神经系统的设置。数据准确、存储长久。例如，柔性交流输电系统就是非常灵活的交流电输电系统，在输电系统中占有主要地位，采用电力电子装置对电力生产有重要作用。

（二）电力系统自动化的应用探讨

电能是人们生产生活必需的物质，在物质生活日渐发达的今天，物质生活的根本需要就是电能。工业机器、农业机械、家用电器等等都需要电能支持，电能应用范围的广泛是无可替代的。电力系统自动化促进了经济的快速发展，同时也改变着人们的生活。电力系统自动化应用范围是非常广泛的，火电应用于锅炉、汽轮机、发电机；水电应用于水库、水轮机、发电机等。电力系统自动化的发展目标就是要保证电能的安全、经济、优质。用

户在用电时，首要标准就是所获得的电能要安全，只有安全的电能，才能保证安全的生产。在过去的生产实践中，有一些因为电能安全而发生的危险事故，事故造成了人身财产的重大损失。电能的经济性也很重要。电力系统自动化发展是电力行业发展的主要标志，电力系统自动化的进步影响着国民经济的基础产业。自动化程度是电力系统近年来着力发展的中心，自动化的应用让电力系统具有明显的科技优势。科学技术是第一生产力，电力系统自动化的应用促进了生产力的发展。电力系统自动化技术，为其他技术领域提供了技术提示，在技术合并应用上具有重要意义。自动化技术只有合理正确的应用才能达到的目标，自动化应用是现代机械设备的最主要的发展目标。

三、电力系统自动化的总体发展趋势

电力系统自动化的发展经历了几个阶段，主要是指 20 世纪中叶，电力系统容量是 10 万千瓦，单机容量只有几万千瓦，电力系统自动化的程度较低，装置都是单项装置，生产过程自动调节，安全也得不到有力保障。新中国成立后，电力事业得到国家重视，在良好的环境下，得到了发展。电力系统规模不断扩大，增加到了上千万瓦，单机容量已经超过 20 万千瓦。这一阶段的重要标志就是电力系统形成了区域联网，所以系统的稳定性得到改善。但是，在综合自动化方面还有所欠缺，所以电力企业努力进行改进，厂内自动化开始采取机、炉、电集中控制。模拟式调频装置开始应用。在这一时期，远程通信技术得到广泛应用。各种新型自动装置得到推广，例如可控硅励磁调节器、晶体管保护装置等。七十年代以后，国家重视经济进步和基础产业发展，电力行业得到有力扶持，电网有了监控系统，这种监控系统是以计算机为主体的，加上配有功能齐全的一整套软件，这样一来，电网的实时监控系统正式形成。实时安全监控开始应用于 20 万千瓦以上的大型火力发电机组，除此开始了闭环自动启停全过程控制。电力系统自动化在水电方面的应用同时显现出良好结果，水库调度、电厂综合自动化在自动化程度上都得到提高。进入二十一世纪之后，电力系统自动化发展速度和发展程度都是前所未有的，国际化合作加深了电力系统自动化的发展，通过合作建设和经营，国外先进的技术和管理经验得到推广，使我国电力系统自动化水平处于国际水平。计算机在电力系统自动化设备控制中起到主导作用，计算机技术发展促进了电力系统自动化控制技术的发展，电力系统自动化形成了一整套完备的系统。电力系统自动化的发展趋向于由开环监测向闭环控制发展，由高电压向低电压扩展，由单个元件向全系统发展，由单一功能向多功能发展，由装置向灵活化、数字化、快速化发展，目标向智能化、协调化、最优化发展。

四、电力系统自动化的发展前景

我国电力系统市场的发展是以电网建设、电网改造和具体应用为主体的，国家电网公司负责全国百个重点城市的电网建设和改造。加强供电基础、实行安全供电、实现电网的城市化模式。随着电力系统自动化市场规模持续上升，电网的地方调度自动化逐渐普及。今后电力系统自动应该朝着市场配电自动化发展，规范市场发展、统一行业标准、强化硬件设施建设，在市场发展中，加强遥控功能、实现设备功能最大化。除此，自动化技术和用户电力技术也会成为配电自动化市场发展的主体。电力系统自动化市场的发展会随着国民经济的发展越来越快，对电力系统自动化市场的发展要注重市场前景的综合调查，电力系统自动化市场应该朝科技化和创新化的方向全面发展。

事实证明，要想提高电力系统自动化的水平，我们就要不断提高电力系统的经济性、合理性、高效性、科学性，注重自动化服务和管理，从落后的经营方式向先进的经营方式转变，注重引用国外的先进技术经验，提高自动化体系控制水平，让电力系统自动化朝着健康科学的方向发展。

第二节　基于 PLC 的电力系统自动化设计

电力系统设计成为电力工程自动化设计的重点，也是电力系统是否能够正常运作的重点，是未来电力发展的方向和目标。因此在电力工程中将系统自动化设计水平有效提高是电力行业今后发展的关键，能够在最大程度上降低成本以及节省供电资源，在确保电力系统安全的基础上，还能够根据以往经验进行总结并且有效提高。

随着社会的飞速发展，电力供应已经成为社会发展的关键，对国家经济的发展起到促进的作用。PLC 的电力系统自动化设计就是指可编程控制器对电力系统自动化设计，对国家电力行业的生产都有重要影响，因此为了节约耗电能源，引进 PLC 的电力系统自动化设计是目前最为有效的电力压力的解决措施。

一、PLC 概述

PLC 就是指可编程控制器，在现代电力系统中属于最新型的控制类型装置，是在计算机技术基础上展开的。我国国际电工委员会对 PLC 有明确的定义，其中确定 PLC 是一种电子装置，是根据大规模的集成电路技术以及生产工艺责成的，PLC 内部本身就具有较高的可靠性，在工作期间能够保持无故障。PLC 有自我检测的功能，在硬件出现故障时能够报警以此保证系统的可靠性。PLC 电力系统的自动化设计将会是我国电力系统的突破，能够在完善功能的同时并且能够节省供电资源，保证资源环境的同时还能够保证系统安全，电力系统安全与否决定是否能够顺利运行，能有效解决电力以及电压带来的压力。

二、基于 PLC 的电力系统自动化设计

本次设计的总体方案就是对 PLC 电力系统自动化的控制系统进行设计，对其中的硬

件以及软件部分进行详细分析并且对其设计策略展开分析。PLC 电力系统的设计与优化是保证我国电力产业发展的关键，因此 PLC 的电力系统自动化设计在今后电力行业发展中应当被当做重点。

（一）PLC 电力系统硬件部分的设计

在硬件部分设计过程中，本次对 4 个部分进行详细分析，其中有：1.控制面板的设计；2.互感器的设计；3.判别检测电路的设计；4.模块分析，以上四种设计都是在 PLC 电力系统中重点应用的。

1.控制面板的设计

在控制面板的设计过程中，要求操作简单方便，并且控制面板能够具备功能齐全的特点，在设计功能上大概分为以下几点，1、显示电压以及电流功率因子；2、显示投切状态；3、显示理想功率因子的范围，外壳是控制面板的主容器，其中还包含电网状态 LED 显示、电容器投切状态显示以及按钮。

2.互感器的设计

工作站物理模型如图 4 所示，其中开发板、相机、扫描枪处于装配人员的对侧，从而不干涉生产线的正常生产，按键开关与工人处于同一侧，方便装配人员使用，气缸位于流水线下方，光电开关分别固定在流水线两侧。

3.判别检测电路的设计

在电路设计过程中相位差最为常见，主要是指电压超前以及滞后时电流的差值，因此在设计过程中要对电流的大小以及电流超前、滞后都要进行测量，测量时想要输入同频率的信号，能够在两路信号频率相同时再进行测量，并且要采用周期数取值的形式进行精度的提高。

4.模块分析

模块由中央处理器模块以及模拟两输入接口模块组成的，其中模拟量输入接口模块有较多的类型以及各种范围，但不论是哪种形式的模块除了四路不同外，内部的构造都是一样的，位数越多就要选择位数较多的模拟量模块进行分辨，在电压输入输出的过程中利用高精度的模拟模块进行调整，以此保证范围。而中央处理器模块起到核心的作用，按照 PLC 的系统程序进行储存，扫描现场数据存到中央处理器中能够判断电路工作中出现的错误等。

（二）PLC 电力系统软件部分的设计

本节对 PLC 电力系统软件部分三点设计进行分析，分别是①投切部分；② A/D 转换部分；③ PLC 编程器部分，以下就是具体分析。

1. 投切部分

在进行电力系统电压划分的过程中，应当选择最好控制的顺序以及电压设备进行无功电压的进入。电压的控制范围应当按照逆调压的原则，当变压器超过电压曲线的规定范围以及允许的偏差分为时，就要根据相关偏移量进行投切指令以及变压器中的指令的整定，以此保证调整电压以及无功潮流的效果[3]。其运作流程是，系统采集数据，电压分析模块以及无功分析模块，形成变压器分结构指令或是形成电容器投切指令后判断是否能够投入或切除电容，安装报警装置，最后控制中心执行指令。

2. A/D 转换部分

A/D 转换部分一般是由 10 个输入点或是 11 个输入点，输入点分为 1 相位判断开关，2-4 电压以及电流功率的开关，5-6 上下限预设开关，7-8 加减 0.1 按钮，9-10 加减 0.01 的按钮。输出点一般分为，1-4 电容器的投切显示，5 报警器开关，6-7 LED 显示开关，8-11 4 组电容器投切动作以及续电器的开关。

3. PLC 编程器部分

在 PLC 编程器的设计过程中，一般都是采用 Fx-10P-E，Fx-10P-E 就是手持式编程器与 PLC 相连接，以此满足程序的写入以及监控。Fx-10P-E 的主要功能是，读出控制程序、编程或修改程序、插入增加程序、删除程序、监测 PLC 的状态、改变监视器件的数值以及其他简单的程序。Fx-10P-E 的组成部分是由液晶显示器以及橡胶键盘等，该键盘与其他键盘不同，其中有功能键、符号、数字以及指令键，当 Fx-10P-E 与 FX0 PLC 相连接时，采用 FX-20P-CAB0 电缆，与其他 PLC 连接过程中则需要采用 FX-20P-CAB 类型的电缆。Fx-10P-E 手持编程器一般都是由 35 个按键组成。

在我国全面发展中，电力企业已经成为发展的重点，而在电力企业的发展中，PLC 也就是可编程控制器的电力系统自动化设计对电力工程有着重要的影响。因此只有完善 PLC 电力系统的自动化设计体系才能够促进电力事业的发展，在今后应当制定合理的计划方案，做好预测以及分析，合理地将电源进行分配，以此能够促进我国电力行业的发展。

第三节　电力系统自动化与智能技术

为了满足人们的正常生活和经济发展的要求，人类对电力系统的要求越来越高，将智能技术应用到电力系统自动化中已经成为一种趋势。智能技术应用到电力系统自动化中，不但解决了我国电力资源优化配置的问题，还满足了人们对电力的要求。本节通过对电力系统自动化概念、特点的分析，探讨了电力系统自动化中智能技术的应用及其未来发展趋势。

随着经济社会不断地发展，大规模工业企业不断涌现，我国电力资源日益紧张。解决好电力资源的优化配置，电力系统的稳定运行以及故障排除就显得格外重要。我国也将智能技术应到电力系统自动化的控制、调度、管理，来解决这一系列的问题。智能技术的应用，使电力系统自动化进入了一个新的阶段。

一、电力系统自动化

（一）概述

电力系统是一个跨域广的复杂系统，通过发电厂、变电站、输配电网络和用户组成进行统一调度和运行。而电力系统在电能生产、传输和管理过程中实现的自动化控制、调度、管理就是电力系统自动化。

（二）特点

1.高质量

电力系统自动化保证了电力系统供电的电能的质量。根据不同地区、不同季度、不同时段的不同需要，通过对电力系统自动化的控制，调节电压与频率，有效地解决了传统电力系统高峰期电力不稳定的问题，保证了供电质量，满足了社会需要。

2.强保护

传统的电力系统更多的是靠电力工人对其进行检测、维修，而电力系统自动化则是通过计算机系统对电力系统进行实时监控，及时发现问题，解决问题，使得电力系统得以正常运行。此外，系统自动化还保护了电力系统和元件的安全。电力系统是一个复杂的动态非线性系统，一处出现问题可能带来连锁反应，对电力系统造成整体破坏。

3.低成本

对于企业而言，电力系统自动的这个特点，为其带来了经济利益。大多数大型的工业企业都有自己的配电厂，保证自己的生产链连续不间断。电力系统自动化会根据企业的需要优化配置电力资源，减少不必要的电力损失，降低企业的生产成本。

三、电力系统自动化中智能技术的应用

由于受到各种客观条件的限制，我国电力系统自动化技术的发展同样受到了限制，存在着各种各样的问题。近年来，智能技术被应用到电力系统自动化在内的各个领域，其控制系统理论，深入到电力系统自动化的控制、调度、管理中。

智能技术在电力系统自动化中的应用包括：专家系统控制、线性最优控制、神经网络控制、模糊控制、综合智能控制系统，下文进行了具体论述。

（一）专家系统控制在电力系统自动中的应用

专家系统控制，因其特殊的性质，决定了它在电力系统自动化中非常重要的位置。它的系统内部含有包括电力系统内的多个领域的高水平研究人员，集他们的经验与知识于计算机程序中，模拟人类的方法解决实际问题。

专家系统控制在电力系统自动化的主要作用是快速识别系统的警告状态，及时做出对应的紧急处理，保障电力系统正常运行。由此，可以说，专家系统控制的智能技术大大提高了电力系统自动化的水平。

（二）线性最优控制在电力系统自动中的应用

线性最优控制是目前世界上在电力系统自动化方面应用技术最成熟、最广泛的一个智能技术理论。它是现代电力系统自动化的经典理论，应用十分广泛，尤其是在型机组和水轮发电机自动控制系统中。线性最优控制是通过算局部线性模型来实现的，为电力系统控制中实现最优配置提供了经验。但由于电力系统本身存在的问题，它的应用还是有一些问题。为此，我国应大力培养这方面的专业人才，着力解决好这些存在的问题，进一步将智能技术应用到电力系统自动化中。

（三）神经网络控制在电力系统自动中的应用

神经网络控制，又称神经控制。它最早提出是在 1992 年，首次使用则是在 1994 年，在电力自动化控制系统中起到了十分关键的作用。它主要是为了攻克一些难以用语言描述出来的非线性难题，通过神经网络系统科学，严谨地建立模型来解决。

神经网络控制具有非线性特点，并行处理能力强，因此在供电系统内应有广泛。在实际运行中，需重视"权值"这一概念，该控制系统否能最大程度的发挥作用，直接受学习算法调节"权值"的影响。除此之外，神经网络控制还需要一些硬件设备作为支撑，这需要国家对我国的电网部门给予一定的财政的支持，让其能够购买设备并进行定期地维护和检修。

（四）模糊控制在电力系统自动中的应用

模糊控制方法是相对于其他几种而言比较简单且容易掌握，它的难点主要集中于模型建立方面。模糊控制是一种非线性的控制方法，是现代电力系统自动化中比较常用的一种方法，这种方法更贴近人们的正常生活，如一些家用电器内部电力系统就有应用。

近些年来，这种控制方法发展非常迅速，一度成为电力系统自动化中最为活跃的一种方法，它在电力系统自动化中应用的关键在于各种数据指标的确定。只有确定好这些具体指标，模糊控制才能最大限度地发挥作用。

（五）综合智能控制系统在电力系统自动化中的应用

智能技术在电力系统自动化中的应用或多或少都会有一些其自身的弊端，解决好这些弊端，需要扬长避短，将不同的智能技术理论综合应用在同一个电力系统中，各自发挥着自己的优势。目前，综合智能控制系统的应用还未十分成熟，但不少专业人士表示其内在潜力巨大，未来随着科学技术的不断进步，将会一步一步地迈向成熟，使得智能技术在电力系统自动化中的应用上升一个台阶。

四、电力系统自动化中智能技术应用的未来发展

（一）人机结合，智能检测故障

智能技术在电力系统自动化中的应用还存在一些局限，它在出现问题与故障时，主要是依靠各线路故障诊断，不能大范围地覆盖到整个电力系统。这对于整个电力系统的发展是非常不利的。但是，随着人工智能的发展，人机结合成为一个新的选项，把专业人才的经验技术与计算机网络的高效用相结合，达到自动化控制的目的，对电力系统领域无疑是正确的选择。人工智能诊断技术的有效实施，可以排除大范围的、整体性的电力系统故障，然后在出现问题的时候做单个的、单过程的处理。

（二）实时不间断监控

故障的发生是不可避免的，如何降低故障发生的概率才是电力系统的专业人才和专家需要研究的。实时监控技术就是通过有效的、科学的分析、监管以及控制电力系统的数据，来达到监控的目的。电力系统是一个复杂动态的系统，一旦出现故障，可能影响其他部分的正常运行，甚至导致部分系统崩溃，做好实时不间断地监控就显得格外重要，它不仅可以有效地降低故障的概率，还降低了单位或个人由于故障发生而产生损失，有效提高了社会经济效益。

社会的快速发展和大量实体经济的出现，给电力系统带来不小的压力，通过上面的分析，智能技术应用到电力系统自动化中是缓解这一问题的有效方法。现在，世界各国的专家学者均在积极探究如何更全方位将智能技术应用到电力系统自动化中，进一步解决当前电力系统中存在的问题。在未来，智能技术在电力系统自动化中的应用会更到位，更能满足不同人群的需要，进一步带动经济社会的发展。

第四节　电力系统自动化中远动控制技术

随着现代社会经济、科学技术的稳步推进，我国无论是输送电力能源产品应用的技术系统，还是生产电力能源产品，都在进行着持续性和大规模的变革。在工业企业生产、管理过程中，内部技术升级和优化改造都在不断推进，从而使我国电力系统自动化技术和变电站技术的发展得以有效促进。改进工作综合效能、发展自动化技术，提升关键技术以促

进现代工业技术的持续发展。本节阐述了加强远动控制技术的研究意义，分析其在电力系统自动化中的应用。

建设电力系统自动化的水平，对综合性发展现代电力能源工业的影响非常大。若想使电网应用技术系统能够稳定地运行，必须要改造和优化相关的技术设备，对一次电气应用的设备要全面精确地进行控制，从而使运行技术的状态得以保证。

一、加强远动控制技术研究的意义

电能输出、产生、配送、变电以及用户使用组成了电力系统，电力系统包括一次设备和二次设备两种。变压器、开关、输电线路以及发电机组成一次设备，为了将这些设备的安全性和稳定性以及可靠性得以保证，必须要高度控制这些设备，这样还能节省电力生产的成本；二次设备，是电网部门高度控制计算机的系统，主要包括变电站智能控制系统、电力系统通信装置、电厂、保护设备以及测控设备。电力系统自动化运行主要包括通信技术、计算机技术和远动控制技术这三大技术，既具有控制和传输以及自动安全保护的功能，又具有检测和自动调节的功能，能够将电力提供给电网。远动控制技术在电力系统自动化中进行运用的主要功能有2点：其一，对故障发生的部位准确地进行判断，将可靠信息提供给装置动作保护；其二，能够将分析资源提供给电能发展、电能消耗以及电能负荷与质量。运动控制技术能够将支柱提供给电力系统进行高度的自动化控制。因此，在电力系统自化中，远动控制技术具有重要的地位。

二、远动控制技术的基础

我国无论是生产电力能源产品，还是输送技术系统的发展，都非常迅速，远动控制技术在运用过程中起决定性的作用。在生产和输送电力能源产品的技术系统中，运用远动控制技术，能够将遥信、遥控、遥测以及遥调等各项功能充分地发挥出来，不但使应用技术系统的可靠和稳定技术性能得以保证，还能够使经济应用的属性得以确保。在科技快速发展的背景下，我国在生产和输送电力能源产品的应用技术系统中，有效应用远动控制技术，重要作用被充分发挥，主要体现在执行技术终端和控制及调动技术终端两个方面。

运用远动控制技术的过程中，不同技术终端必须要将具体类型的应用方案进行设置和提供，致使电力能源技术系统运行的状态能够保持稳定。运用远动控制技术应该将生产和输送电力能源产品的应用技术系统作为出发点，将所有终端技术设备有效且稳定地进行控制，从而使远动控制技术的最佳预期效能得以实现。

若想使我国电力能源产品的高效优质管理得到有效实现，必须要了解和掌握生产与输送电力能源产品应用技术的系统，将各终端设备的运行技术属性信息和运行技术参数信息，在内部配置和安装，开展全面的采集工作，恰当且正确运用远动控制技术调度功能，真实完整地对技术属性信息和技术参数信息进行采集和测量，提供技术支持。对远动控制技术的控制模块功能进行运用，与技术属性信息和技术参数信息有机地结合起来，全面系统地分析电力能源产品运行的实际状态。将技术实践作为基础，有效运用远动控制技术的控制终端模块，与生产和输送电力能源产品应用的技术系统进行有机结合，根据生产的实际需要，制定执行系统配置的终端，并且将控制技术状态的运行参数项目修正和干预运行状态等内容的指令下达，确保生产与输送电力能源产品的控制和调整，长期维持稳定且安全的运行状态。

遥信、遥控、遥测、遥调等 4 个方面是远动控制系统技术功能的主要表现。远程测量应用技术，简称为"遥测技术功能"。就是利用应用性的通信技术，将传输和测量某一特定参数远程完成。遥控功能利用远程技术和通信技术，远程性干预管理特定电气技术设备的实际运行状态。远程信号技术模块利用通信技术，动态监测生产和输送电力能源产品等相关的状态，获取数据信息，并尽快转化为参数控制符号或者文字符号。遥调技术是利用通信技术，干预和控制电气技术设备部分实际的运行状态。

三、在电力系统自动化中应用运动控制技术

（一）信道编译码技术的应用

远动控制中需要许多数据信息，转换成同步调信息的过程中，许多因素对其都有干扰，需要译码与信息和信道编码传输协议等信道编码技术。采集数据技术将准确的数据信息收集到，需要将数据信息向电力系统调度中心进行传输，进行判断和分析，然后使用。传输信息的过程中，外界对其会有一些干扰，为了将其他的干扰信号减少，要利用译码和编码的方式，将一层保护膜加到信息通道上，降低干扰的影响至最低。其一，循环编译码，由于其他信号不容易干扰循环编译码，并且循环码中无论哪个码移位，除了特殊情况零码以外，都不会影响其他码，不会改变码字；其二，信道编译码的种类非常多，在电力系统运动控制技术中，线性分组编译码是运动相对比较多的，能够保持信息传输的正确，对于分析信息非常有利。电力系统运动控制的过程中，信息形式的变化很多，应该有规定地进行制约。变电站和电厂以及调度中之间传输数据，信道编译码以前，就应该将统一的数据格式和通信方式建立起来。从当前来看，电力系统中无论是通信方式，还是主要数据格式，都属于循环式数据传送，帧结构是单位的主要构成。

（二）采集数据技术的应用

在远动控制系统中，采集数据技术主要有 2 种：A/D 技术和变送器技术，A/D 技术就是把模拟信号向数字信号转化，完成遥信信号采集遥测信息和编码信息等相关任务。过程就是传感器将电流电压信息获得，同时进行传输，再通过滤波放大器和变送器滤掉高次谐波，经过处理后，同步采集电流电压信息后，模拟信号由 A/D 转换器转化成数字信号，在单片机中将传输的数字信号进行处理，从而将数据信息采集到。

（三）通信传输技术的应用

（1）光纤传输。在电力系统运动控制中，传输通信应用光纤传输技术是必然的趋势，相对于其他传输技术，光纤传输无论是稳定性还是可靠性都是最高的，传输的速度也非常快，传输通信的过程中，信号没有衰减发生。在电力系统中，光纤传输技术已经成为最主要的传输方式。

（2）载波通信。就是利用信号发射端编码处理数据传输信息以后，把高频谐波信号作为载波信号进行使用，有效运用调制技术，把数字信号向模拟信号转化，利用电流电压方式对模拟信号进行传输。信号接收端将模拟信号接收后，再利用解调技术把模拟信号向数字信号转化，致使电力系统中数据信号的通信功能得以有效地实现。

在电力系统自动化中，实际运用运动控制技术，体现出该技术的优势。例如，某省电力系统自动化中，将远动控制技术进行应用，电力系统有故障发生时，能够及时发现故障所在之处，同时，采取相应措施，保持电力系统的稳定运行。运用通信传输技术，完成模拟信号与数字信号互相的转换，促进电力系统的正常运转和维持，从而降低运行成本。运用采集数据技术，能够及时发现电力系统运行中的故障和存在问题，对发电厂和变电站正常运行时的数据资料和信息及时进行采集。信道编码技术能够在传输的过程中，排除外界对信息资料的干扰。

电力系统自动化中，有效应用远动控制技术，能够充分发挥远动控制技术的作用，调节和检测有关电气设备运行技术。远动控制技术能使网络性传输数据信息的稳定发展得以保证，以及充分发挥供电应用技术的功能。

第五节　电力系统自动化的维护技术

针对电力系统自动化维护工作中经常遇到的难题，进行全面化的分析，并简要介绍了加强电力系统自动化维护的现实意义，明确电力系统自动化组成，如变电站的自动化、系统调度的自动化、配电网的自动化等等，提出电力系统自动化的维护技术应用要点，能够保证电力系统自动化维护质量得到更好提升，希望能够有关人员提供良好帮助。

在社会经济快速发展的当今，居民生活质量逐年提升，用电量不断增加，在一定程度上提升了电网建设水平，电力系统自动化在电网建设当中占据重要作用，应用范围也特别广泛。为了保证电力系统自动化水平得到进一步提高，本节重点研究电力系统自动化维护技术措施。

一、加强电力系统自动化维护的现实意义

在供电系统当中，如果出现电力系统自动化问题，会严重影响电力网络的稳步运行，

因此，做好电力系统自动化维护工作特别重要。由于电力系统自动化的快速发展，电力市场需求量逐年增加，通过对电力系统自动化进行有效的维护，能够提升电力系统的安全性，更好的保证电力网络建设质量。

电力系统自动化是电力网络逐渐向信息技术自动化过渡的核心标志，对电力网络系统的发展影响较大。合理运用电力系统自动化技术，能够保证电力网络管理质量得到显著提高，进一步降低电力系统运行管理成本，提高电力企业的市场竞争力。在当前阶段，电力系统自动化运行环节在数据处理方面，仍然存在一些问题，要想推动我国电力行业的快速发展，有关部门还要加强电力系统自动化维护力度。

二、电力系统自动化组成分析

（一）变电站的自动化

电力系统自动化当中，变电站自动化特别重要，对电力系统的影响也比较大，主要利用先进的计算机技术、电子技术与通信技术等，与变电站当中的二次设备进行组合处理，经过优化设计之后，保证变电站的各项功能能得到更好发挥，对变电站内部的各项设备进行全面监控与协调。变电站自动化技术是电力系统当中的核心技术，对变电站的运行影响较大。变电站自动化技术的有效运用，能够保证其运行效率得到更好提升，降低电力系统维护成本，真正达到提升电力行业经济效益的目标。

（二）系统调度的自动化

最近几年以来，由于社会的飞速发展，电力需求量不断增加，推动电力行业的快速发展。电力系统自动化技术面临众多挑战与机遇，电力系统调度自动化技术，主要以电力系统所收集到的各项数据信息为核心，帮助有关人员对电力系统进行科学调整，进一步提升当前电力系统运营的安全性。电力系统调度自动化，对电力系统自动化影响较大，能够保证电力自动化系统更加安全可靠 [2]。

（三）配电网的自动化

电力行业发展过程当中，配电网控制主要依靠手工进行，使得电力系统的各项功能无法充分发挥。但是，伴随研究的不断深度，我国电力系统运行，无须依靠其余设备，自动化技术应用前景广阔。配电网自动化范围比较广泛，涉及多项软件，是配电自动化当中的基础。与常规的孤岛自动化相比较来讲，利用信息技术的配电网自动化其功能更加全面，智能终端数量巨大，通信技术更加先进。结合我国当前配电网落后现状得知，通过提高配电网建设水平，有关部门可以采用分期或分批维修措施，对既有的配电网自动化进行大力完善，进而保证我国配电系统资源得到高效利用。

三、电力系统自动化的维护技术研究

电力工程是我国重要的基础设施工程，对国民经济的稳步发展影响较大，在新形势背景之下，建设电力系统自动化体系，能够保证电力系统的可靠、安全运行。电力系统自动化维护水平的提高，能够降低系统发生大规模运行故障的概率。

（一）利用接地防雷系统进行维护

在当前的电力行业当中，做好电力系统自动化维护工作特别重要，对电力行业未来发展影响较大，因此，在电力系统自动化维护环节，有关人员要保持严谨态度，并采取合理的防护措施，选择具有性能较好的避雷设备。相关人员在接地防雷的过程当中，要了解电阻和电压之间的关系，并结合接地电阻值大小，采用不同方法，适当降低电阻值，保证电压控制效果得到更好提升。

此外，电力有关部门在维护电力系统自动化时，要遵守综合治理原则，结合电力系统自动化的运行特点，包括防雷系统的结构特点，有序开展各项工作，将避雷装置有序的安装于变压器旁侧，利用高低压，进行科学安装。避雷装置安装结束后，需要对其进行接地处理。为了进一步提高电力系统自动化维护质量，有关人员要根据系统自动化的运行情况，科学选择防雷器，尽可能选择安全性能好、稳定性好的防雷设备。

（二）运用太网远程技术进行有效维护

利用太网远程技术进行维护，主要是依靠光纤收发器，包括太网网卡，形成光纤通道，通过利用运行效率比较高的光纤通道，进行电力系统自动化维护工作。在此种维护模式之下，不但能够获取比较高的网速，而且能够保证不同网络之间的点与点时间有效连接。对于电力企业来讲，要充分了解太网所具备的优势，并将其妥善运用到计算机软件当中。可以将电话拨号与太网技术有效结合，有效提高电力系统自动化维护水平。

（三）利用电话拨号远程技术进行维护

在电力系统远程维护方案当中，电话拨号远程技术较为常见，由于其具备较多优势，而且操作更加便捷，能够有效降低电力系统的运行成本，故称为一种特别常见的电力维护技术。但是，电话拨号远程技术也存在缺点，其维护速度比较慢，因此，在电力系统自动化维护工作当中，应当尽可能避开此缺点。

电话拨号维护工作主要分为以下几种：

（1）做好振铃遥控电路处理工作。在电话拨号原理的基础之上，有关人员需要设置驱动遥控体系，用户在使用前，需要将用户有权使用信息进行科学的设置，如果用户在使用的过程当中，出现故障，则能够及时发出信息，信息被维护系统接收后，通过对信息进行综合对比，在驱动系统指导之下，对电力系统自动化进行全面维护。

（2）加强手机短信遥控电力维护水平。通过构建驱动遥控体系，在之前设置好的用户信息使用权基础上，结合用户使用权所发出的短信故障信息进行有效维护。自动维护系统当中的故障信息内容和系统当中故障进行科学比较，若两者内容相符，则可以驱动遥控电路，主动完成自动化维护工作，并对故障信息进行有效的回复。

（3）提高DTMF拨号遥控电路维护水平。此项技术在电话拨号远程技术之中应用较多，主要以DTMF信号为基础，在此组信号当中，将其分成两组，高音组与低音组，每个组别当中包含四个不同的音频信号，但是，各个不同的音频信号之间禁止随意组合。上述音频信号组合成信号后，若有权用户进行拨号验证，系统能够按原来设置的DTMF编码进行有效遥控，保证电力系统实现自动化维护。

（4）告警信息的采集和回传。单片机电路作为告警信号采集和回传的核心，在单片机电路当中，可以和不同的传感器有效连接，传感器也可以利用上沿和单片机电路有效连接，如果接到告警信息，该信息会通过电路，一直传达到系统主机，或是传到维护站点当中，提升告警信息的处理水平。

综上所述，通过对电力系统自动化的维护技术进行全面化分析，例如利用接地防雷系统进行维护、运用太网远程技术进行有效维护、利用电话拨号远程技术进行维护等等，能够保证电力系统自动化维护水平得到进一步提高，降低电力系统出现大规模运行故障的概率。

第六节 电力系统自动化改造技术

近些年来，我们国家工业方面的电力自动化技术变得越来越好，所以直接推动继电保护自动化技术的发展，也可以让越来越多的人能够使用到电力资源。但是由于现在使用电力资源的人越来越多，导致大家比较关注现在电力系统到底发展成什么样子，所以现在应该将配电系统的质量提高，然后加强对继电保护自动化管理，并解决这一方面可能发生的问题。那么本节对电力系统中的继电保护系统是否可靠和它的意义展开了研究与讨论。

一、继电保护系统的定义、意义、影响

（一）继电保护系统的简述

我们平常运用继电保护系统中的保护装置如果在运行的过程中，发生了一些小小瑕疵，那么这个时候继电保护系统就要上场发挥它的作用了，它会先产生一些变化，将这些变化转变为传递信息的方式。如果这些变化要是达到一定数值的时候，它就会自己启动逻辑控制的板块。对相关的事情以及信号进行排查和精准的分析。而这个继电保护装置，主要是由测量模板，执行模板，逻辑模板等等的相关板块共同构成的。

为了避免更大程度的花费，这个继电保护系统已经改变了电力系统中其他外围的元件的使用功能，而且使其制造的成本大大地降低。而这个测量模块的工作用途就是，对电力系统的内部电流和频率，通过测量信号的数值还有对定值的对比以及分析进行相关的检测。而这个执行模板的作用是，为了执行指令的时候能够提供出比较可靠的解决方式，而且这个执行模板获得了信号以后，就会及时地给出与之相对应的动作信号，并且传递给逻辑模板。也正因如此，逻辑模板的存在可以将继电保护系统产生的一些小问题很轻易地解决，并且去查找到底什么地方有问题，为什么会有问题，是什么引起的问题。而且在通过计算之后就可以得到非常详细的逻辑数值，再对这些数值进行分析，最后就可以做出与之相对应的指令。

（二）继电保护系统产生的意义

由于我国最近的几年社会经济方面不断地发展，再加上我国科学水平不断地提升，继电保护系统在当前电力系统的运行中，扮演着十分重要的角色。如果在电力系统运行的过程中，发生了一些问题，继电保护系统会立刻去查找原因，这样就可以及时地解决问题，并且让其他的软件可以继续的运行下去，这一方面讲也体现了继电保护系统的效率到底有多高。

但是由于近几年来越来越多的人对电力的需求逐渐增加。在这种趋势下，避免不了会发生一些电力供应不足的情况。所以为了确保可在继电保护运行过程中，能够保证出现问题的地方都可以得到合理的控制，并且保证其他系统在工作中可以正常的运行，而且不会对其他的设备产生很大的影响，所以对于继电保护系统装置有了几点要求，那就是灵敏性，速动性，可靠性和选择性。正因为有了这些要求的存在，继电保护系统的体系也变得越来越完善。并且如果在继电系统运行的过程中，如果有其他特殊的事情发生，继电保护系统就会停止电力系统中正在运行的元件，并且还可以对有问题的部分展开故障排除。

（三）继电保护系统具有的影响

在现在的这个社会，电力系统中的继电保护系统基本上是家家户户都在使用。而且继电保护系统具有很多的优点，例如越来越智能化，越来越网络化而且还向着信息化一点一滴的发展。而且它还可以在人工智能的支持下，通过网络系统对其进行控制，这样也更方便人们正常的工作。但继电保护系统也有它的不足之处，其中比较重要的就是现在特别关心的环境保护问题。在我们正常的生活中，电力系统在运行的时候，它周围环境的温度会处于上升阶段越来越热，那么就会造成周围环境会有尘埃，颗粒会处于漂浮的状态。还会给电源的插头还有相关插线板造成不同程度的物质伤害，所以我们会尽量避免这种情况的发生，将电源的插头和相关插线板等元件使用比较好的材料制造，以减少它的损坏程度，提高它的安全性能。

二、继电保护系的三个基本要求

（一）要求继电保护系统具有一定的可靠性

人们在看一个设备时，第一个关注的就是这个设备是否可靠。如果它的保护装置不能达到人需要的可靠性的要求，就会有严重的事故发生，进而会引起电力系统的一系列的问题。例如速度不够快了，运行不够流畅了等等。所以在一些不正常的情况下，自动化的继电保护措施一定要可以检测到，到底是哪个环节出现了问题，并及时的传递信号。而且在传递信号的同时，也要可以启动自动保护的系统，阻止这一部分进行的工作。这样就可以减少一些危险事故的发生，还可以不让电力系统中其他的系统受到破坏，进一步地防止了更大范围和更大程度的破坏还有不安全的事故发生。

（二）要求继电保护系统具有一定的灵敏性

除了可靠性，人们第二个关心的就是灵敏性，关心继电保护系统到底有多快，有多灵敏。在电路的一定范围内，如果有地方发生了问题，这个继电保护系统装置能够依靠着灵敏性第一时间做出判断，然后为我们解决问题。为了可以让这个装置一直反应迅速，能够在第一时间就感觉到危险的存在，然后立刻的去解决问题并且发出警报提醒人们，我们需要在维护电力系统的过程中，对灵敏度进行一遍又一遍的实验。对灵敏度系数一遍又一遍的校对，以确保这个继电系统的灵敏度是没有问题的。而且还要做到在没有特别特殊的情况下，每年需要对电力系统进行一次全方位的检验，避免危险发生，以确保系统的设置系数较为稳定。

（三）要求继电保护系统具有一定的选择性

选择性，就意味着在这个电力系统出现一些问题的时候，继电保护装置的作用就是找到发生问题的零件，并让它停止工作，让没有问题的元件可以继续像以前一样正常的工作。通过这种方法，将停电的范围不断地变得越来越小。也正因为继电保护系统有这个好处，所以可以有效地维持电网的正常运行。

综上所述，我们国家在电力系统的方面不断地创新，并加大创新力度，保证好继电保护装置的稳定使用，这样也对社会发展有着较积极的作用。也正因为这些，所以电力系统是否能够安全并且可靠的去运行是我们现在关注的重点，并且要求继电保护及自动化装置必须具有非常高的可靠性。但是在实行的过程中，也会有一些避免不了的问题出现，也会影响电力系统的正常稳定运行。但是我们会解决这些问题，希望可以为我们国家的发展打下坚实的基础。

第七节　电力系统供配电节能优化

近年来，社会经济呈现出飞速发展的趋势，人们的生活质量也随之提升，对高质量的电力提出了更高的要求。优化高负荷的电力输送加重了我国电力事业的负担，为了确保能够满足我国电力行业的发展要求，应该做好电力系统供配电设计工作，将节能优化融入电力系统供配电设计工作中，以促进节能技术及方法的优化，降低供配电企业能源损耗量，确保电力企业能够在发展过程中创造出更大的经济价值，为我国电力行业的发展做出突出的贡献。该文对电力系统供配电节能优化的意义进行阐述，分析影响电力系统供配电节能因素，阐述电力系统供配电节能优化策略。

当前，电力行业为了能够适应当前社会的发展要求，应该坚持与时俱进，为了确保电力系统的健康运营及发展，需要将配电节能作为电力系统优化中的一项重要内容，以降低供电配系统的电能，解决电能供求紧张的问题，确保电力行业的发展能够与当前生态社会发展要求相适应。因此，要求电力企业需要对产业结构进行优化调整，完善相关的设施及节能技术，展现出供配电系统的高效性、节能性，确保能够为电力行业的发展创造出更高的经济效益。

一、电力系统供配电节能优化的意义

在企业的生产中，供配电系统承担着重要的作用，直接关系到企业的发展。无论是企业自身还是国家的工业化，要想取得持续的发展，需要将电力系统供配电节能优化作为一项重要的工作任务，这在电力系统供配电中体现出了突出的作用及现实的发展意义。为了能够促进供配电系统的发展，需要将电能消耗作为一项重要的作用内容，以完成对电能供求关系的有效调整，以达到节约电能的目的，确保企业各项生产及工作的高效实施及开展。

因此，为了促进电力系统供配电的节能优化，需要从工厂及企业的角度进行分析，以完成对用电费用及购电成本的有效控制。另外，为了确保电力系统供配电节能的合理性及优化性，在进行节能标准制定时，应坚持方便化、节能化及规范化原则，对用电设备进行优化处理，对生产工艺进行改进，促进企业产业结构的优化。还需要在电力模式中运用供配电系统节能优化概念，以进一步促进电网结构的优化。

二、影响电力系统供配电节能因素

（一）电压等级

在对电压等级进行设置时，应严格按照电气系统中对电量需求要求的基础上，确保额定电压级别设计的合理性。一般在电力系统中，各点处的电压，均会出现与额定电压相偏离情况，需要将偏离的幅度设置在合理的范围内，以确保电力系统本身及电力设备运行的安全性。

（二）变压器

在供配电系统节能中，应优化选择配电变压器，空载损害是影响配电变压器正常运行的主要条件，发生的部位为铁心叠片的内部位置处，经内部铁心，交变的磁力线会出现涡流及磁带，进而引发损耗现象的产生。

（三）供配电线路选材及布线

影响供配电系统的节能及外耗的因素与供配电线路的布线及选材有直接关系。将电缆及导线作为供配电电路选择上一项需要重点考虑的内容。在进行电路布线的选择上，选择的内容包括优化负荷位置、内部线路布线、变电所选址等。

三、电力系统供配电节能优化策略

（一）合理选择节能变压器

供配电系统电力运输工作是影响电力系统正常运行的主要条件，对应的变压器是影响电压成功转换的主要原因，在进行节电变压器选取时，应根据电力的实际输送情况来决定，完成对企业资源的集约化运用，确保电力企业在实际的发展过程中能够创造出更高的经济效益，为我国电力生态经济的持续及稳定发展提供依据。

为了确保选取的变压器能够符合当前企业的应用需求，需要将节能变压器作为优先选取的对象，例如，当前市面上应用较广的变压器为S10、S13、S15等型号的变压器，以上几种变压器在实际的使用过程中，展现出了良好的节能功能，对降低变压器的空载损耗发挥了重要的作用。另外，工作人员还需要根据电力系统实际的运行情况，对变压器的数量进行合理选择，优化设计电力系统供配电，根据变压器的不同负荷特性，对电负荷的使用进行科学的分配，确保不同变压器能够实现可靠的运行，以降低变压器运行过程中的能源损耗量。

（二）合理布置供配电线路

为了提升电力企业供配电线路设计的合理性，要求电力企业中的工作人员应根据电力企业现阶段的实际发展情况及供配电线路的使用条件，以确保铝、铜等不同材质的导线选择的合理性。

基于实际的应用情况，铜芯电缆与其他材质的电缆相比，在电能传输上展现出了较高的使用优势，对降低电能损耗，确保电力企业各项工作的顺利开展提供了条件。但是铜芯电缆的成本较高，在进行导线选取时，要求供配电线路配置人员需要从全局角度出发，对供配电线路进行合理设置，以避免产生迂回供电情况。另外，在进行配电电路布置时，需要根据供电场所的实际情况有针对性地进行布置。例如，在进行低压电路设计时，需要将供电的半径控制在 200 m 以内。一旦供电的距离比常用范围大时，电力企业可通过增加一级电路电缆截面的形式，来达到损耗技能的目的。

例如，在高层建筑中，配电方式有多种形式，并且每种配电形式在敷设方式及配电装置中均存在较大的差异，敷设方式及配电装置彼此之间相互联系，各有优缺点。低压配电系统主要是采用分区树干式配电方法，1 个供电区域中有相对应的回路干线，有助于促进供电可靠性的提升。一个回路干线配电楼层一般为 5 ~ 6 层，对于一些高层的建筑，层高应控制在 10 层以内。

（三）提高供配线系统功率参数

为了优化电力系统的节能，需要将提升电力系统的功率因数为依据，确保电网功率的损耗能够大大降低。变压器及电动机作为电力系统中的重要构成设备，本身具有电感性，是引发滞后电流产生的主要原因，进而引发配电系统中的线路电量出现严重的损耗。基于以上情况，要求电力企业中的技术人员在进行用电设备选取时，应以高功率的用电设备为主，为了能够将用电设备中所携带的电感性消除掉，需要对用电不畅的电容器进行合理的设置。由于供配电系统中的静电电容器会产生无功电流，无功电流本身在提升功率及补偿滞后电流损耗中会产生重要的作用。因此，要求电力企业中的供配电系统设计人员，应做好节能优化设计工作，并根据现阶段供配电企业中的实际发展情况，合理选择补偿方式，补偿方式包括成组低压补偿、集中高压补偿及分散低压补偿等。

（四）合理使用节能照明设备

电力企业在进行供配电系统设计时，需要在节能优化理念下进行，以确保技能照明设备选取的合理性，能够满足人们日常生活的最基本需求，促进照明质量的提升，降低照明能源损耗量，促进电力企业节能效果的提升。另外，要求电力企业中的工作人员，应优化设计供配电照明系统，优化利用自然资源，合理利用自然光，将照明设备与自然光所提供的光源有机结合起来，以降低照明设备能源损耗率。如果自然光线充足，则无须打开照明设备。另外，电力企业的配供电系统设计人员，在对照明设备进行设计时，应结合实际的采光要求来完成对不同灯光强度的有效调节，以降低电力企业的能耗量，为电力企业的稳定及持续运营提供条件。

（五）建立配电设计数据库

由于电力中包含大量的电力数据，电力系统需要做好电力数据的整理、收集及存储，确保能够将配电设计数据库的优势充分地发挥出来。为了提升电力监控系统运行效果及质量，电力系统会采集到所有的电力数据，并将其存储到数据库中，由于数据库本身具有较强的功能性，在实际的应用过程中，能够实现对不同类型数据的分类及处理，完成对数据信息的有效管理，能够将数据库中的信息提供给一些对数据信息有需求的用户，用户为了能够获取到自己需要的数据信息，会自行对数据进行检索。通过建立配电设计数据库，促进了用户处理工作效率的提升，实现了对数据的规范化及科学化管理，确保了数据管理的精准性，为数据信息能够更好地在电力企业中应用提供了便利。

电力企业要想得到良好的发展，需要将配电系统的节能优化作为一项重要工作内容，意识到节能是促进企业持续发展的重要因素。要求电力企业中的配线系统设计人员，应根据现阶段电力企业的实际发展要求，合理选择节能技术及节能设备，促进供配电系统功率因数的提升、电力系统照明设置的优化，降低电力系统中的能源损耗量，对企业的成本投资进行有效的控制。

第八节　电力系统强电施工研究

电力系统强电施工一方面主要是为了满足生活工作中的用电，一方面也是为了减少电能的损耗而实施的一种措施。在技能、安全水平等方面强电施工的要求和弱电施工存在着差别，强电施工对于电能的传输担负着重大的责任，因此研究电力系统的强电施工有很大意义，在此文中，会根据现实情况，对电力系统中的强电施工进行研究。

强电施工保障了电能的充足供给，保障了居民的生活，也为了我国的发展发挥重大的作用。现阶段电力系统强电系统存在着一定的问题，要对强电施工进行完善，提高作业效率，加强细节的把控阶段，才能建立电能的优化供给系统。相关的工作人员应该努力发现有效政策，在现工作的状态下，总结经验，对继续加强强电施工工作进行研究，提高工作质量，进一步保障我国的电能供给和安全等方面。

一、电力系统强电施工程序规范

强电施工系统是一个重要的工作内容，能够把握好强电施工工作的每个环节步骤，进行规范操作，才能保证工作内容的顺利开展，才能从根本上保证作业内容的质量。在强电施工开始前，首先就是要结合具体的实际情况，绘制一幅符合要求的图纸，并且需要对图纸上的各个内容进行充分的探讨，熟练地掌握图纸上的工作内容和要求，完成对图纸内容的审查工作，并且要严格按照图纸上的实施步骤，按部就班的开展工作，保证每项工作环节都是符合要求的且有质量。在工作过程中，还要对于预留信息进行考虑，清楚了解预留信息上的各个要求标准以及内容，才能进行完善的工作。一定要按照要求说明去实施，同时在操作过程中，要把强电和弱电分开，避免安全事故的发生。还要保证施工人员的专业水平，是可以进行施工操作的，对于各个材料的质量要严格把控，进行检验，在工作结束后还要进行检验工作，保证工作的有效性，避免工作中各个不稳定因素对于强电施工工作造成不必要的麻烦。

二、电力系统强电施工的现状

强电施工过程的一大问题就是安全问题，电力系统是一个复杂的工程，涉及的工作内容方方面面，作业范围较广，各个环节要求较高。在工作中容易因为管理不得当、监督力度不够而导致施工问题，例如弱电和强电的混合使用，导致安全事故，这些操作不规范的问题都会造成严重后果。强电施工的相关工作人员的专业水平不达标，技术水平会差别较大，强电施工对人员要求一般较高，工作人员必须有相关的工作证件。有的施工人员也有熟练的技术操作能力，但是在工作时很难注意到细节安全问题，对于整个方案的实施也不能把握精准，在这样的影响之下，会大大降低强电施工的效率，同样安全也无法保障，最终项目的质量问题也无法经受住考验，因此人员的能力统一问题，也是强电施工作业的重中之重。强电施工作业中也有细节把握不好的问题，在工作完成之后，会经过验收的环节，只要符合了运营的基本要求，就能通过，但是因为作业覆盖范围大，验收的主要要求又是能够正常供电就可以，所以在验收环节还存在着一些不够完善的问题，例如电网防范的保护、具体操作与方案冲突等，这些细节把握的不够好，就会成为潜在的问题，最终会爆发出来，产生巨大的不利影响。

三、强电施工的技术层面

（1）强电施工中要考虑电缆管预埋工作，在一些像潮湿、灰尘遍布的环境下，需要能按照线管排列的要求去完成，保证在施工过程中线管的完整性，避免环境的影响太大，进行预留预埋工作，需要加强工作设备的考察，要按照要求使用设备，这样才能利用保护好设备。还需要保护好线管的对接内容，线管在预留预埋中关键的零部件，需要满足抗腐蚀等方面的要求，还要考虑到价格实惠的问题，铺设时也要按要求，减少不必要损失。

（2）电线导入过程中要严格保护电线，避免损坏，还要清理电线管道的杂物，降低使用过程中的摩擦频率，减少摩擦带来的损失。管内穿线的技术要求较高，要保持管道的顺利传输功能，对于弯道等问题，要合理解决，并结几根电线在中间，对于不同电线要区分清楚，防止弄错导致的危险。

（3）电缆使用前要做好检查工作，对于电缆使用要进行实验操作，达到标准后才能投入使用，在使用时也要按要求设置，避免错综的现象，工作要按规律进行，还要加强防护措施。

（4）配备的电箱也是强电施工中的重要内容，电箱等设备的安装要按照具体的标准要求去安装，避免出现错误安装的问题，对于各个环节的设置问题也要符合要求，保证可靠性，严格按要求办事，保证工作的顺利实施。

四、电力系统强电施工的优化

（1）通过现代科学技术对于强电施工进行监管，管理人员能在后台对于各种信息进行实时的掌握，保证信息的及时传递，能有效管理相关工作。强电施工小组也要合理分配，对于各项内容最好做好记录，并且通过监管设备掌握现场的情况，进行动态化的管理。让工作人员能在后台对于处理现场情况进行措施安排工作。通过通讯科技的发展，让整个强电施工处于科学管理的状态，对于各项工作能合理配置，提高工作内容合理规划的能力，使得施工工作能在做好基本内容的同时严格管理，减少管理失误的问题，提高工作效率。

（2）能做好相关工作人员的技术水平提高工作，虽然强电施工工作人员的基本要求就是要有相关职业资格证书，需要掌握相关技术，了解施工内容，但是每个人的水平参差不齐，随着时间的推移，要更新工作人员的技术水平，做到与时俱进。要根据现实提高专业能力，走在超前的位置，就要结合工作人员的具体工作情况以及每个人的成绩表现，对施工人员进行技术提高的培训，保证施工人员的专业技术资格，提高项目实施的质量和效率，为整个强电施工的工作提供保障。

（3）要提高相关行业，例如各类零部件、施工材料的部门的做工水平。在强电施工中使用的各类设备、零部件不在少数，要想保证强电施工项目的工作质量，就要从基本内容解决，提高相关使用材料的质量水平，从根本上解决安全隐患。延长材料的使用年限，同时又能控制价格要求，才能真正地投入大范围的使用，相关设备的使用也要满足长期使用的要求，能够高效地完成任务目标，确保不耽误强电施工的工作进程，为人们的供电提供更好的质量保障。才能为国家的发展提供强有效的支持。

本节对于电力系统的强电施工有一个基本的探究，从现状分析上看，强电施工还存在着进步的空间，首要的工作就是做好安全防范工作，提高工作人员的技术水平，为强电施工提供质量保障，为了更好提供电能供给，需要相关部门采取个更加优化的政策来提高整个强电施工行业的质量水平，从根本上保障我国的用电和居民的生活！

第九节　电力系统规划设计研究

电力系统规划设计直接影响当前的电力系统的安全性与可靠性，也是当前电力企业发展的重要环节，以此来保障人们的用电需求。电力几乎涉及当前人们日常生活的各个方面，如果未能进行合理的规划设计用电，将直接影响经济的发展。基于此，本文从当前的电力系统规划设计内容入手，深入进行分析，并结合实际情况，明确当前规划设计的重点，以供参考。

随着时代不断发展，人们积极对电力技术进行创新，促使当前电能逐渐成为人们生活的基础能源，以满足当前的需求。电能自身具有较强的基础性，在实际的应用过程中可以高效的转换为其他能源，被人们广泛地应用在各行各业中，促使现代经济稳定的增长，同时，为人们提供便捷的服务，提升人们的生活质量。

一、现阶段电力系统规划设计的主要内容

对于电力系统设计来说，受其自身的性质影响，属于一个不断深入发展与探索的过程，因此，在设计前期应进行合理的系统规划，明确其实际的设计内容，并制定好完善的电力系统长期发展计划与短期发展计划，合理对当前的单项电力工程进行指导，并为后续的工程开展奠定良好的基础，提供重要的理论依据，具体来说，当前的设计内容主要包括以下几方面：

（一）进行区域电力负荷预测

通常情况下，在电力工程区域内的电力负荷进行有效的预测与分析，并进行合理的分析预测。其主要的内容是以当前的区域经济运行为基础，参照近年来经济发展的主要趋势，对该区域的最大负荷进行逐年预测，明确其电力工程建设的必要性。在预测分析过程中，主要包括当前的在建工程、已建工程以及规划工程，灵活应用当前的序列预测法、模糊控制理论，对电力系统的布局进行详细的分析。例如，当前电力电源主要包括两部分，一部分是地方电源，主要是指当前区域的小电站以及企业自身的发电机组，另一部分是统调电源，主要是指当前由电网进行统一规划的大型发电厂。对于不同的电源来说，其自身的出力情况不同，需要对其进行详细的分析，以满足当前的需求。

（二）电力电量平衡

电力电量平衡是当前电力系统规划设计的重点内容，直接发挥出约束的作用，因此，应积极对该因素进行分析，并以当前的电源处理与电力负荷为基础进行分析，在不断的优化发展过程中，通过合理的预测明确当前系统自身的最大负荷。结合电源的出力，获取电力电量的实际盈亏，确定当前电力系统的变电与发电设备容量，满足当前的需求。

（三）接入方案分析

电力工程在设计过程中接入何种有效的方案直接影响电力系统自身的实际运行效率，因此，应积极进行合理的方案分析，以满足当前的需求。以当前工程自身的网络特点为基础，进行合理的创新分析，明确当前负荷的分布，加强对电网进行规划，并结合当前国家政府部门的实际审批意见，综合对当前的电力工程分布进行方案分析，尽最大可能节约成本，并降低能耗，降低设备升级带来的压力，促使电力设计规划有效地进行。

（四）进行合理的电气计算

在进行电气计算过程中，工作人员应首先对当前的电力网络中电压分布与功率进行计算，并以此为基础，明确当前的系统运行状态，进而对各个器件的实际运行要求进行分析，为后续的继电保护装置的运行奠定良好的基础，满足当前的需求。积极对电网的各个节点的损耗

与电压进行计算，并明确其实际的数值，分析系统实际的稳定性与可靠性，对容易出现问题的环节加强管理，为后续的维护与检修工作奠定基础。系统的稳定性能计算也是重点内容，主要包括暂稳态计算、频率稳定计算以及电压稳定计算等几部分。明确各方案自身的实际运行参数，促使工作有效的开展。短路计算与无功补偿计算也是当前的重点内容，短路计算的主要目的是明确各支路的短路电流，而无功补偿计算则主要是解决当前电力系统中由感性负载引起的损耗，通过合理的计算获得最合理的系统设计方案。

二、电力系统规划设计工作要点

现阶段，随着我国经济的繁荣发展，人们对于电力的需求不断增大，不仅仅是在供应的稳定性上进行要求，更注重对质量的提升。由于电压的不断升高，我国电网规模不断扩大，促使电力消耗逐渐增加，只有不断对当前的电力技术进行有效的创新，才能满足当前时代的需求。对于电力工程设计来说，需要其以当前准确的相关数据为基础，并利用数据对当前的工程实际施工进行指导，保证工作有效的开展，基于此，应明确以下几方面的工作要点，以提升设计质量：

首先，积极进行合理的调研，在电力系统规划设计工作开展前期，工作人员应积极对该地区的负荷情况进行合理的调研，对相关的数据信息进行收集。例如，明确当前发电厂、电力线路、变电站以其他环节的地理信息布局，同时加强对电厂自身的容量技术参数进行分析，了解地区系统运行的相关材料，保证工作有效地进行。积极对当前电力系统最新的设计规范进行资料更新，积极对工作人员进行培训，促使其具有良好的专业水平与能力，为项目的运作与开展奠定良好的基础，提升规划设计效率。

其次，积极进行有效的准备工作，尤其是在当前的电力系统规划设计工作开展初期，电力设计单位应深入了解当前电网的实际情况，通过对该区域电力系统的运行数据材料进行整理与分析，加强对企业内部的发展进行了解，明确实际的经济发展方向，通过合理的规划，保证当前电力系统规划设计与当前的实际计算数据相符合，进而提升规划设计工作的准确性。

最后，进行有效的电力系统规划设计计算，通过对当前现有的资料进行整理与分析，积极对电力系统的浪涌与潮流进行计算，保证计算数据的准确性，同时，通过各支路的短路电流计算结果明确当前系统进行无功率补偿量，并以此为基础，分析出电力系统自身的规模性、可靠性、经济性、实行性以及系统性，进而为当前的电力系统规划设计奠定良好的基础，满足当前的需求。

综上所述，在当前的时代背景下，人们对于电能的需求不断提升，尤其是对于电能的质量要求越来越高，只有不断对当前的技术进行创新，才能保证电力系统设计规划符合当前时代的要求。因此，电力从业人员应积极对当前的电力技术进行学习，提升自身的专业能力，并不断借鉴国外先进的经验，促使我国电力事业稳定发展。

第四章 电力系统自动化的实践应用

第一节 如何提高电力系统自动化的应用水平

随着时代的发展和进步，信息化时代的到来改变了人们的生活方式，越来越多的电子信息技术进入到我们的生活和工作中，带来了很多便利。我国经济的增长带动了电力行业的发展，人们在使用电器和电子设备时都是带有自动化的装备，自动化技术在人们生活中的应用越来越广泛。电力系统的自动化技术既为科学管理提供了保障，也为电力行业的发展起到了促进作用，所以，坚持探索与创新的理念，是电力行业自动化技术发展的前提和基础，提高系统整体的应用水平，服务于人们的生活。

电力系统自动化的技术在人们的生活中已经体现在方方面面，它服务于人类，又依靠人类的技术得以发展和提高，但是我国目前的电力系统自动化技术的水平还有很大的发展空间，需要人们继续探索和研究，继续提高技术水平。本节针对我国目前的技术水平提出了一些问题，并就如何提高技术水平提出了一些意见和建议，希望能对技术的提高起到实际的作用。

一、探讨关于如何提高电力系统自动化的应用水平的研究现状分析

在信息化时代的背景下，国内许多行业的发展也适应了时代的需求，因此对于电力系统自动化企业的引导应放在前列，以第三产业的发展带动全国经济发展的整体水平。当下电力系统自动化企业发展所面临的科学技术问题突出，企业必须创新发展，满足工厂生产的成长需求以及人们正常生活的需求。目前，对于电力系统自动化的应用已经取得了一定的效果，但是由于工作人员技术水平不高，或者管理不善，从而影响了其的应用效果。

二、探讨关于电力系统自动化在实际应用中存在的问题

（一）由于受到传统电力系统发展观念束缚，缺乏创新

改革开放以来尤其在我国加入 WTO 以后，国家总体经济水平不断提高，人民的生活

质量也有所改善，同时大部分一线城市居民正追求高质量的生活，这就需要雄厚的物质基础来满足人民的生活水平。电力的保障是人民追求高质量生活的第一步，同时也是最重要的一步，电力在居民生活中不仅应用于各个方面而且还方便了人们的衣食住行，因此如何保证电力系统自动化的稳定和安全是每个从事此方面工作人员义不容辞的责任。但是，由于受到传统电力行业发展观念的束缚，目前一些电力系统自动化行业缺乏一定的创新能力，虽然实现了自动化，但是应用效果仍然有待提高。在进入到二十一世纪以后，我国电力行业发展已经取得了不错的进步，同时利用信息化技术有效地改变了传统电力行业发展的现状，将原先传统的人工操作转换为自动化操作，提高了工作效率，同时也减少了人工操作的失误。但是针对目前的高技术手段的应用，一些工作人员由于技术水平不高，受传统观念的束缚，以及在操作方面没有随着技术的更新而改变，这都是目前电力行业所面临的主要问题，需要我们从各方面进行改进。有效改变目前电力行业自动化系统应用的现状，能提高应用效果。

（二）管理制度不够完善，导致电力系统自动化在应用方面的效果不是很好

没有规矩不成方圆，任何系统和组织的管理都需要制度来约束，而电力系统在管理制度这方面还有待提高的空间，管理制度不完善，导致电力系统自动化在设计应用时出现了很多问题，在问题出现时，没有合理的制度来约束，一定程度上就会影响自动化技术的研发与开展。电力系统自动化的应用给人们的生活，尤其是针对大型的生产企业来说，提供了电力保证，所以为了更好地提高电力系统自动化的应用水平，需要不断完善相关方面的管理制度。目前关于电力行业自动化系统方面的管理制度还不够完善，一方面是因为技术更新的速度是比较快的，所以产生的问题也比较新颖，在管理制度方面可能会来不及更新，导致对一些棘手的问题不能进行合理的处理。另一方面，相关的制定人员对于电力行业自动化系统的了解不充分，也是因为受其水平的限制，一些工作人员的职业素养不高，这也在一定程度上影响了管理制度的应用效果。所以，为了促进电力行业系统自动化更好的发展，需要不断完善相关的管理制度，并要提前走提出应急方案等，尽量减少损失、减少对资源的浪费。

（三）由于工作人员工作水平不高，影响了电力系统自动化的应用水平

我国在进入到二十一世纪以后，虽然各行业都取得了长足的发展进步，但是由于受到世界性经济危机的影响，我国经济在发展过程中也遭受到一定的打击。虽然科技行业是推动我国经济发展进步的首要行业，但是由于资金有限，科技研究的支出审核也变得严格，其中一些电力系统行业科研没有奖金，这样一来便削弱了基层工作人员的工作积极性。众所周知，一个行业想要更好的发展，需要充分提高工作人员的技术水平，但是

目前在电力系统自动化行业中对于人力资源的运用并不合理，所以带来的影响也是不好的。尤其是近年来信息化技术更新的速度不断加快，在人才供应方面会存在一定的欠缺。目前国内的各大高校对于技术型、专业性方面的人才培养并不是很足。一方面，是因为一些高校的师资队伍建设不充分，教师的教学水平有待提高，这些因素都在一定程度上影响了对电力行业人才的供应。另一方面，目前一些高校关于电力行业方面的专业开设的比较少，同时相关实训的基础设施也不够完善，这就影响了学生对电力实训的了解和相关方面技术的掌握。

三、探讨关于如何提高电力系统自动化的应用水平

（一）不断提高变电站的自动化技术水平

提出的第一个改进策略就是要不断提高变电站的自动化技术水平。变电站是电力系统中关于电的分配和运输的重要组成部分之一，其主要作用是将获得的电能进行重新调节以及分配。当自动化技术应用在电力行业中，电力系统自动化技术一直都是我国科研人员研究的重点，我国的变电站有上万座，每天都会发出几千伏的电压，提高变电站的电力输送速度，也能提高自动化技术的水平。但是针对实际中存在的一些问题还要进行积极的改进，不能受到传统发展观念或者模式的限制。为了更好地改善电力系统自动化方面的技术，提高技术水平，需要从多方面进行全面的改善。首先，需要加强相关方面的人才培养，企业要加强与高校之间的联系和配合，培养专业性、技术型人才。其次，要不断完善相关方面的管理制度，有效改善目前的这种状况。另一方面，还要加强对相关管理人员的培训，让他们对电力行业自动化方面有更多的了解。

（二）不断提高电力系统调度自动化技术水平

第二个改进策略就是要不断提高电力系统调度自动化技术水平，其中电力系统自动化系统通常指的是电工二次系统，就是指电力系统自动化采用多种具有自动决策、检测以及控制功能的装置，并通过信号系统与数据传输系统针对电力系统的局部系统、各个元件或者是全系统进行就地或远方自动监视、调节、协调与控制，从而确保电力系统在安全稳定健康中运行。这不仅需要高科技，同时对专业性人才的需要也要大大提升。在进行改进时，可以通过进行工作的实时监督，对于实际工作中存在的一些问题，及时发现，及时改进。

（三）不断提高配电网自动化技术水平

提出的第三个改进策略是就要不断提高配电网自动化技术水平，如何提高配电网自动化技术水平，仍然需要从技术方面进行考虑。首先配电网自动化是推动电力系统自动化应用水平提升的关键组成部分，所以要从技术和管理方面进行积极的改进。一方面，要不断提高配电网自动化的技术水平，不仅需要对相关方面的人才提出要求，还要对企业的技术

研究人才提出更高的要求。另一方面，需要不断完善相关方面的管理制度，对于相关工作人员既要进行政策上鼓励，还要对技术型工作人员提出一定的责任要求。

四、探讨关于如何提高电力系统自动化的应用水平的研究前景分析

本节对关于如何提高电力系统自动化的应用水平的研究现状进行了具体的分析，接下来将关于如何提高电力系统自动化的应用水平的研究前景做出具体的展望。关于如何提高电力系统自动化的应用水平的研究前景分析接下来主要从两个方面进行具体的分析。首先，随着社会经济水平的不断提高，对于社会发展的要求也越来越高，电力自动化系统技术将会在治理环境污染方面得到显著的应用。目前全球各国对于能源资源的需求正不断提升，也因此能源危机发生了，所以要不断地研究出新的清洁能源，并且对环境污染程度很低的资源供人们开发，进入二十一世纪以后，我们需要不断改进电力系统自动化的清洁能源的水平。其次，关于电力系统自动化的应用仍然需要从国家层面出发，进行政策上的鼓励，提高企业的科研创新能力和水平等。

本节通过关于如何提高电力系统自动化的应用水平的研究现状这一问题进行了具体的分析，并且针对关于电力系统自动化在实际应用中存在的问题提出了具体的改进策略，最后关于如何提高电力系统自动化的应用水平的研究前景做出了具体的展望。综上所述，在进入到二十一世纪以后，我国的经济水平逐渐提高，经济发展的基础是依靠我国第一产业、第二产业、第三产业的发展。第一产业是农业，第二产业是工业，而第三产业是服务业，其中在第三产业中信息化技术的应用最为全面，所占比例也最大，因为科技的注入，所以在很大程度上节省了人力物力，降低了生产成本，从而就会带动经济水平的不断进步。电力系统自动化技术是一种新型的技术手段，对很多行业的发展都起到了很大的作用，所以我们必须从多方面出发进行积极的改进，从而有效推动相关行业以及社会经济的发展进步。

第二节 电力系统自动化的计算机技术应用

计算机技术的飞跃发展为电力系统的更新和改进提供了有力的技术支持，另一方面也促进了电力资源在社会中的充分利用，电力系统的安全性和可靠性的提升一直以来都是系统改进的工作重点。计算机技术在电力系统中的有效应用既可以简化人工烦琐的操作过程，又可以在很大程度上减轻电力负责人员的工作压力。电力系统的运行情况很容易受到来自外界的各种破坏，电力系统运行的效率就会因此而降低。要想让电力系统的运行更加的稳定就要保持电力系统的完整性，同时还要注意对电力系统设备的定时维修和检测。

一、电力系统的自动化

（一）电力网络调度自动化

在电力系统中包含了一个很重要的元素那就是对于电力网络的调度，我国电力网络的调度管理模式主要是被分为五层的，从国家一直到地区的乡镇都有其具体的管理模式，另一方面，电力网络调度自动化的实现主要还是依赖于终端级的设备和计算机网络技术的发展以及辅助作用。通过全面分析我国电力运行的整体数据就可以发现在预测电力的具体运行过程中依然存在很大的问题。而且电网调度的自动化主要有处于电网核心的计算机网络控制系统和一些其他的服务器终端，除此之外还有一些工作站和变电器终端的设备，电力网络发电情况的自动调度有着很重要的实际意义的，而电力调度自动化的实现就是要最终保证电力运行过程的稳定和生产过程中对于数据的有效监控和采集，电力系统的运行状态评估工作也是必不可少的，这项工作对于电网运行的安全性和稳定性来说有很大的影响，电网运行过程的一系列检测工作不但要符合实际的运行过程还要与我国现代化电力市场的整体运营状况相匹配。

（二）变电站自动化

变电站自动化的实现意义主要就是采用最新型的自动化设备来简化原有的人工操作过程，在监控方面能够很好的取代原有的人工电话监控模式。这样一来不但可以节省人力资源还可以在很大程度上提高变电站的整体工作效率，变电站的监控功能才能得到最大程度的发挥。

变电站运行状态的稳定性和安全性也能得到最大限度的保障，变电站的工作中还有一个很重要的内容就是要实现电站运行中对于电气设备的有效监控工作，也就是说要使用全自动化的计算机装置来替换掉原有的电磁式设备，这样就可以基本实现变电站设备的网络化和数字化模式。在变电站中电力信号的电缆一般都会选择采用计算机电缆来进行工作，从而将监控以屏幕化的形式展现出来，另外还要尽快实现设备运行管理模式以及设备统计工作的全自动化。因为变电站全自动化的实现不但可以让工作过程变得更加的简单便捷，还可以使电网调度发挥它最大的作用。

（三）智能电网技术

在电力系统中智能电网所起到的作用主要就是智能控制技术的实现，这种智能控制技术会不断地体现在电力系统的各个方面和各个环节之中，总的来说就是电力系统的完善和发展是离不开计算机技术的辅助和带动的，不管是在调度自动化工作中还是柔性电流的输电国政中计算机技术都发挥着不可替代的作用，我国智能电网的整体创建在一定程度上也离不开数字化电网的辅助，两者在彼此配合中最终都能获得发展。

二、电力系统自动化中的计算机技术

（一）电力一次设备智能化

在电力系统设备的安装过程中可能会出现一系列的问题，因为在一般情况下设备的安装地点和实际安装地点的距离可能会比较远，另一方面，这些设备之间的连接还需要一定的电流控制电缆和电力信号才可以完成。在电力运行的具体过程中就会发现连接和通信工作会耗费大量的电力资源，电力一次设备的作用主要是保护正在使用中的二次设备免受破坏，并且能够将测量功能也集成在一次设备之中。这一过程的实现可以在很大程度上减少二次设备的资金投入，因为二次设备可以通过一次设备来完成相应的运行工作，而且这样不但可以节省大量的控制电缆和信号线，还可以降低使用和维护工作的成本。

（二）在线状态的检测

在电力系统中一些需要检测的设备都是固定的，主要包括了一次设备中的变压器和发电机以及汽轮机等的检测。信息技术的检测最大的好处就是可以让这些一次设备在在线的状态之下就可以完成检测工作，这样也方便对于一次设备运行情况的整体把握，而且在掌握了一次设备的整体情况之后就可以对检测到的设备信息进行有效的分析，以便能够准确地判断一次设备之后的运行状况。具体工作就是排除掉一些设备运行中出现的故障之后采取相应的措施来提高一次设备的使用寿命和运行周期。

（三）电力互感器

电力互感器的使用主要就是为了让高压电在输电线路中可以按照一定的标准来降低自己使用的电流值，这也就是一个变电的过程。一些电压在实际的应用过程中往往等级比较高，所以对于相应的绝缘体的电阻要求也就比较高，而且设备的体积和质量也必须符合具体的要求。一旦发现信号动态的范围缩小的话很有可能就会造成电流互感器的电流也出现了过于饱和的状况，这样的话电力的信号就可能会因受到影响，而不能及时的实行对接保护措施，计算机技术在这样的情况之下也就很难会发挥作用。

三、电力系统自动化中的计算机技术设计

（一）计算机视觉技术的使用

在电力系统的自动化之中应用计算机视觉技术只要是实现在最短的时间之内更加准确的获取到想要的图像信息，而且变电站的系统一般都是以因特网的传输作为核心的，所以就需要设计合理的变电站监控和警戒系统，这样做的好处就是方便随时调取电力系统运行的画面，而且这种监控系统还可以结合多种传感器和视频信号从而丰富系统内容。计算机

视觉技术的应用主要体现在可以有效地节约电缆的数量，而且在监控的时间上不受任何限制。另一方面就是它的检测范围相对比较广泛而且有很强的自由行和灵活性，此外这种监控系统甚至可以分辨人眼识别不了的一些图像。这也就是说计算机视觉技术在电力系统中的应用是十分有必要的，其不但可以在很大程度上丰富监控系统软件的具体功能，同时还可以利用自身的优势去满足电力系统的各项需求。但是由于图像的类型是复杂多样的，所以图像识别功能还需要进一步的完善和改进。

（二）计算机在电力调度中的使用

计算机技术在电力系统中的有效应用对于简化人工作业来说有很重要的意义。在进行具体的操作时首先要设置操作票，这是必不可少的一个环节，但是由于操作票的工作任务十分繁重，所以在长期的压力之下操作票的工作效率一直不是很理想，所以就需要相关的电力企业仁青当前的形势，重新对调度的人员进行合理的编制，并且按照自身的实际情况来完成操作票的生成和存储工作，然后在此基础之上不断的改进和组合直到操作票的最终生成。

状态评估工作和在线潮流的计算工作对于调度人员的工作效率来说也是十分重要的，因为只有有效地完成评估工作才能提高调度人员的工作质量。另外，调度工作人员还要根据电网的具体运行情况来不断地提高自己的反事故能力，并且根据状态评估和在线潮流计算的结果来创新电网运行的方式。

第三节 发电厂电力系统自动化技术应用

随着我国经济的不断发展和我国人民生活水平的不断提高，人们对于生活中的电力需求量也越来越大，而作为我国重要的基础设施，现代电力系统必须跟紧时代的脚步，通过与计算机技术、互联网技术、信息技术等现代科学的结合，实现电力系统自动化的发展模式。这不仅能保证电力系统的运行效率和传输质量，还能改善电力系统的运行模式，优化系统配置，适应现代化对其的要求，并且能够节约资源和降低成本。本节将针对不断变化的市场情况出发，研究电厂电力系统自动化技术的应用，阐述自动化技术的发展方向和自身优势。

在计算机应用技术高度发展的今天，我国发电厂的电力系统应该也紧跟科技进步的方向，大力开展电力系统的自动化技术。目前来看，计算机系统需要介入的环节有很多，例如运输环节、发电环节、变电环节等，计算机技术在电力系统中得到了广泛的应用。所以，电力系统自动化技术的提升和发电厂工作模式的优化都要依靠发电厂各个施工环节对自动化技术的具体应用，明确自动化技术的发展方向和广阔前景，对于整个发电厂来说十分重要。

一、电力系统自动化现状

（一）自动化的应用种类

目前，我国的发电方式有水力发电、风力发电、火力发电厂三种，这三种发电方式中，效率最高的是火力发电。这是目前使用最广泛的一种发电方式，随着节能技术和自动化技术的介入，我国对电厂的各类发电要求也愈发严格。而大多数电厂已经出现设备老化、水资源的管理不够严格、机器运行效率不高、煤炭燃烧质量极差、系统设计不够完好等情况，造成资源配置不合理，煤炭燃烧后的烟气污染物过多的情况，这种情况不但无法达成节能降耗的目的，反而还增加了污染物对环境的影响，尤其是偏远地区的火电厂已经不符合国家的政策要求。因此必须对其采取措施，通过自动化技术的应用减少对环境的影响。在这种情况下，我国虽然已经竭力减少火电厂的数量，但是预计到 2035 年，火力发电仍将会是我国的主要发电方式。我国目前的情况是，装机容量约十四亿千瓦，而火力发电占其中的 75%，因此火力发电厂的自动化技术应用仍是重点问题。

（二）电厂自动化技术的实施效果

从国家开始重视自动化技术在电力系统中的使用后，通过实施各种方针，我国在发电厂供电消耗燃料方面进步飞速，2007 年电厂供电燃料消耗为每千瓦 350g，每千瓦降低了 10g 左右的消耗，开始了节能减排的大计划。从 2017 年起，通过国家的政策和各研究部门和电力企业的共同努力，预计在三年之内可以达到电厂供电燃料消耗减少到每千瓦 320g，节能方面争取达到世界一级水平。而在减排方面，在十年前，我国电力二氧化硫排放量同比降低百分之 9，厂烟气脱硫机组容量达到 1.1 亿千瓦，同比增长百分之 4.8，成为我国减排工作的突破点。在 2007 年我国就已经达到烟气脱硫装置投运容量占全部火电机组容量的二分之一，实现了二氧化硫的排放量在可控范围之内。十年过去了，我们取得的成果离不开国家的政策方针和企业工作人员的重视，而且最重要的是我们的科技水平在进步。

二、影响电厂自动化技术应用的因素

（一）燃料因素

在发电厂的工作流程中，对锅炉进行加热的燃料主要是煤炭、煤油等物质，这些燃料的燃烧过程和生热质量都各不相同，而锅炉对产热水平的要求却十分统一，没有自动化技术的严格控制，在燃烧生热的过程中燃料燃烧不充分的情况十分严重，因此对火电厂的工作效率产生了影响。由于我国的煤炭资源有限，而不同种类和处理方式不同的煤炭其内部成分也不同，将它们燃烧之后使其自身性质与内部结构并不适应，产生了燃烧不充分的情况，使电厂自身的发电效率受到了影响，因此使用自动化技术来控制生产能源的消耗程度是很有必要的。

（二）相关操作人员专业性不足

目前，我国发电厂的操作人员专业素质都较差，他们大多只做到了利用自动化技术完成发电工作，而忽略了发电过程中的安全问题和节能问题，缺少操作的规范性，因此导致他们自身对于人工作业和自动化技术结合部分的重要性了解的并不多，工作态度仅仅停留在完成工作的层面，缺少创新性和发展性。特别是近年来我国电厂的工作人员还在用传统的人力检修技术，这种技术的局限性已经不能够满足当今社会对于发电厂的要求，加上对自动化应用方面的不重视，所以导致成本的增加。发展自动化技术，可以减少人力的介入，增加工作效率。

（三）发电系统的运行消耗

一般来说，单个发电厂需要承担整个区域全部设施和用户的电能需要，其发电量和能量消耗指数都是十分庞大的数据，从电能的产生、传输到用户使用，这些流程是一项巨大的工程。所以发电厂不单单只是依靠一个产热设备，而是一套完整且复杂的机器设备，而且其数量也很多，控制起来十分复杂，因此在电厂锅炉同时运行的时候，会发生不可避免的能量消耗，锅炉设备的自身运转也消耗了大量的电能，虽然是发电厂自给自足，但是也会对电能的生产量和我国资源的合理使用性造成影响，多余能量的消耗间接性影响了电厂的经济效益和发电效率。

三、自动化技术在电厂电力系统中的应用与研究

（一）自动化系统的一体化

随着我国节能减排政策的推广和自动化技术的发展，在电力生产方面通过自动化控制机组数量的增加来提高生产水平。例如我国的大型发电厂已经开始通过对控制系统的自动化更新来达成由两机一控到四机一控的技术突破，大大增强了发电效率和节能水平，同时减少了人力成本。不仅帮助电厂内部实现统一管控、实施监督，而且也节省了很大的运行成本和生产过程中的能源消耗，不仅杜绝了无用损耗，更减少了实际消耗，自动化技术既帮助电厂实现了节能减排的生产目标，又提高了企业自身的经济效益，在行业内处于领先水平，增强了企业的知名度和竞争力。

（二）智能自动化产品

在科技技术发展速度飞快的今天，电厂的自动化技术也更新了一代又一代，通过对自动化控制技术的推广与研究，不但提升了电力企业的生产水平和生产效率，而且帮助电厂实现了统一管理和实时管控，为电厂提供了合理的生产方式，完成符合社会趋势的生产目标。智能自动化产品的推广不仅维护了企业自身的经济效益，更为国家的可持续发展做出

了巨大的贡献。

（三）电厂的网络化集中控制

目前，我国的信息控制技术发展飞快，一些电力企业可以通过对电厂辅助车间系统机室采取集中控制，通过自动化技术控制其位置和技术手段，以此来提升电厂的工作效率。目前我国已经有类似案例，通过对多个控制室内的辅助系统进行统一，以及通过技术手段整合成为一个完整、庞大的控制系统，这种方式不仅减少了自动化控制的难度，还能减少人力成本，提升控制的效率来完成对发电过程中能耗的管控，间接性减少了作业成本，提高了经济效益。

（四）电力系统中变电站自动化技术的应用

在发电厂电力系统的运行过程中，变电站的意义十分重要，而随着计算机技术和物联网技术的介入，变电站自动化运行应运而生。其中包括变电系统的数字化、网络化和信息化改革。这样的转变，大大增加了电力系统的运行效率和管理效率，做到通过对各类自动化系统的统一管理，实现变电站的自动化管理新模式。

（五）电力系统中电网调度自动化技术的应用

在发电厂电力系统的运行过程中，每一个运行的环节都需要自动化技术的介入，尤其是电网调度方面，这个环节的工作效率完全依赖于智能自动化技术和计算机技术的合作。一般是通过互联网技术将电力系统的装置互相连接，利用计算机系统对整个电网调度工作进行自动化监控，并定时自动采集相应的数据，控制电力系统的运行状态，保证电力负荷和需求量在可控范围之内，实现智能化管控。

（六）电力系统中智能电网技术的应用

随着计算机科学与技术的不断发展，计算机技术和互联网技术在电力系统中的作用越来越明显，尤其是电力系统在配电、输电、发电、变电等重要环节上。而计算机技术在电力系统中进行全系统的智能控制的操作叫智能电网技术，其中包括电力系统从生产电能到用户使用到电能的全部过程。而通信技术在智能电网数字化方面起到重要的作用，该项技术使电网系统具备可靠性、双向性和实时性。

总而言之，随着我国经济的不断发展和人们生活水平的不断提高，社会对于电能的需求量越来越大，这使得我国的电力系统运行负荷越来越高，成本也随之增大，导致工作效率会因负荷的增加而减少。目前，自动化技术在我国电力方面的发展还有极大的空间，相关工作人员应该对其进行创新开发，以及可以参考国内外的优秀案例，以此达到既能提升我国经济效益，又能更好地服务社会，为我国的可持续发展奠定基础的目的。

第四节 计算机技术在电力系统自动化运维中的应用

电能源在人们生活、社会发展中发占据重要地位，电能需要通过相应转化才能得以应用。其中，电力系统自动化运维是重要环节，计算机技术在电力系统自动化运维方面起到了十分重要的作用，因此我国逐步实现了电力系统自动化、智能化，以提高电网作业效率并促进电力行业稳定发展。

计算机技术的出现改变了传统电力生产形式，推动电力系统走向自动化、数字化方向。文章就计算机技术分析在电力系统自动化运维应用。

一、电力系统自动化运维分析

随着电网企业信息发展，信息系统运行对计算机技术依赖性越来越强。所以，这就对信息通信运行保障能力有了新的要求。云计算的出现与软硬件资源完善，使得信息系统运行从传统架构转向云架构形式。信息系统设备数量的增多，导致运维人员运维负担大，人工运维模式已经难以适应信息系统运行要求，创新运维工作模式成为当务之急，所以应推动运维工作由被动转为主动，由手动转为自动，支持各类信息系统稳定运行，为电力系统提供技术支持。运维自动化系统集成了开源、稳定的技术展开创建，结合准确运维、自动化运维自主部署、自动化配置、自动化任务整合，完成集中管理、集中展现，为运维工作提供保障。

二、电力系统运维自动化系统设计

（一）设计要求

第一，标准性。根据电网企业标准设计成果确保运维自动化系统规范化、结构化。第二，技术成熟性。整体技术路线方案选型时，立足于开放性标准，选择先进、成熟的技术，让系统顺应电网企业要求，更好地适应今后发展变化要求。第三，效率与稳定性要求。运维自动化系统具有开发难度大、数据信息量大、稳定性要求严格的特点，在系统结构、组件、部署等设计中需要结合效率与稳定性因素，才能保证系统符合性能要求，稳定运行。第四，可扩展性。系统具有良好的扩展性与可变化性，提供标准的开放接口，有助于系统升级改造与其他系统实现数据分享。

（二）技术结构

运维自动化系统包含基础设施层、代理层、服务层、接口层，各层之间以低耦合形式的远程通信技术完成数据分享。第一，基础设施层，位于系统最底层，提供物力设备、云平台等基础设施。运维目标是物理主机或虚拟主机，兼容常见云平台。第二，代理层。该层涵盖服务组件在运维目标上的代理程序与标准协议。具有部署代理、配置检测代理、监控代理等功能，各单元能够独立部署。第三，服务层。该层各单元工作模式相同，提供服务接口，用于接收管理层的管理请求，接口将请求发送至服务引擎；再读取运维规则处理运维请求，储存至关系型数据库内。第三，接口层。该层能够提供标准得 RESTFUL 接口服务，数据输送格式为 XML。管理层调用接口，传输管理请求，接口层再将请求发送至消息队列内。然后在服务层获取请求，执行有关运维操作。第四，管理层。运维自动化系统兼容 B/S 架构操控台，调节不同服务的功能接口完成运维流程和底层技术操作连接。上端为 PC 端提供展示面，做到为管理人员提供操作入口，为大屏展示提供数据源。

（三）数据结构

第一，数据源。运维自动化系统中数据库包含标准数据库、指标数据库，标准数据库完成参数、结果的统一定义，指标数据库完成指标数据的储存和应用。标准数据库包含：首先，接口数据。接口数据指的是接口的种类型，系统对外提供的接口为 RESTFUL 标准接口。其次，参数数据。调用接口过程中传输的参数和运维任务执行过程中传递的参数。参数格式为 JSON 格式。再次，结果数据。与参数数据相近，统一标准与格式。最后，文件数据。上传的规则库文件，是 YAML 与 Python 格式文件。指标数据库中的数据包含台账数据库、用户信息库、监测信息数据库、运维任务数据、系统状态数据、日志数据等。第二，信息搜集。系统内信息搜集分为代理程序采集数据与标准协议，例如：SSH、SNMP 等数据。搜集的数据统一传输至服务层展开数据处理。第三，信息处理。信息处理是将搜集的信息与状态信息传输相应的功能单元展开处理，把处理的结果储存并展现给运维人员。第四，信息储存。台账信息、运维信息等使用关系型数据库 MySQ 储存与管理，以多副本形式确保数据稳定。第五，数据分析。数据分析主要进行信息事件与异常信息处理，以插件化形式完成，用户应用第三方工具实现定制化处理分析。

（四）部署方案

第一，拓扑。系统中物理节点包含控制节点与代理节点，管理的主机为受控节点。控制节点荷载较高时，可以利用代理节点分散较高部分荷载，提供系统处理数据效率。网络中受防火墙影响造成控制节点难以直接管理受控点时，可利用代理节点完成管理。第二，容量计划。各系统组件占据一定空间，自动化部署组件的数据储存功能是提供操作系统、软件安装。自动化配置组件、任务执行组件、监测组件的数据储存目的是记录日常任务执行记录。自动化监控报警组件对数据储存需求较高，其目的是记录各监控项的历史信息、报警事件。自动化监控报警组件要求进行信息储存完善，历史信息储存时间为一周，趋势信息储存时间为一个月。每日监控报警信息约 2GB，实际信息量还要根据监控主机的数据与任务执行信息计算。

电网企业信息发展，信息系统运行对计算机技术依赖性越来越强。所以，对信息通信运行保障能力有了新的要求。文章经过对运维自动化工具与技术分析，分析适合国家电网企业的运维自动化系统，创建以运维工具为主的运维系统，创新运行模式，在确保信息系统稳定运行与安全性的同时减少人力、物力投入，提高运维效果。此外，应用计算机在运维系统中实现与主流的云计算技术融合，在今后发展中将进一步扩大对系统功能的设计，与时俱进。

第五节　电力系统自动化配网智能模式技术的应用

随着我国智能化系统的不断发展，电力系统的电力生产、运行和管理等环节的自动化程度不断提高。尤其是智能模式技术的推广，使得电力系统的配网全面实现了智能化系统控制，智能化新技术极大地推动了配网建设和管理系统的智能化，促进了我国电力系统跨越式发展。文章以电力系统配网智能化系统的建设和智能模式技术两方面的应用为出发点，对自动化配网的智能模式技术进行了全面的技术分析和探讨，能够为新技术的研发提供借鉴参考价值。

电力系统的配网能够高效、稳定地运行是进行供电可靠性和安全性的基本前提，从而尽可能地缩短电网系统停电的时间，进而实现电力系统经济利益的最大化，这就对电力系统提出了新的要求，特别是配网系统的建设不仅要考虑电网系统的稳定、安全，更要兼顾绿色环保和运行方式的灵活性，从而为智能化的配网技术发展和研究提供基础保障。基于电力用户利益的立场，进行配网智能模式技术的研究是社会进步和市场竞争的主导趋势，同时也是电力系统实现经济利益最大化和快速发展的最佳方式。

一、电力系统自动化配网智能模块系统的建设

（一）电力系统自动化配网数据维护和终端管理

电力系统中自动化配网智能模块技术的核心技术是智能化系统，这种技术是通过优化自动化配网系统的数据端接口和智能化运行环境，使得智能化系统的图形和电力参数实现增量模型和全模型的自动输入和输出，从而保证配网系统输入数据的准确性，这样能够有效地减少对图形数据维修的重复工作量。在对自动化配网系统的终端进行选型时，应该选用混合的配电模式，这样能够规避由于突然停电或者是更换电源对整个电力系统带来的干扰。

（二）电力系统自动化配网智能调度系统

电力系统自动化配网的智能调度系统主要有以下作用：首先是能够对隐藏的风险进行

检测和智能报警。通过电力系统数据库的实时更新以及配网模型的有效构建，可以按照程序设定的运行步骤和检测程序对自动化配网系统的电负荷等典型的参数进行智能化的自动核查，准确地判断出配网系统是否有无超负荷违规现象的存在，从而对停电计划各个时段有误程序冲突做出预先的判断，进一步辨别自动化配网系统中预想的薄弱环节是否存在技术漏洞和配电风险等，进而为配网系统正常运行的自动化管理提供有力的辅助支撑。配网系统的智能化核算程序科学地制定了电力系统可参考的数据库，降低了不必要的停电对电力系统负面影响的程度；其次是智能化控制和故障修复技术，电力系统停电、闭环转电和复电是配网系统常见的操作模式，按照智能化配电网络的拓扑结构，能够切实地加强配网智能化控制下运行状态的核算力度，建立起逻辑判断的防失误机制，从而把多个操作项目整合成为集中统一的操作程序，并将传统的人工操作系统更换为智能化控制系统。当自动化配网系统发生停电故障后，智能化系统能够使得电力系统快速地进行自愈复电操作，并对停电故障识别和主站逻辑判别进行智能化设置，从而实现对停电故障的定位和及时的隔离。按照配网系统电负荷的多少，由智能化系统采取有效的处理方式，快速地排除故障进行复电操作；自动化配网系统应该具有可定制的系统功能，与传功的配网监测方式不同，自动化配网智能模式的监测功能主要是把电力用户的诉求作为行动的目标，从而实现各个监测功能的个性化定制，这就需要配网系统的接口和电力参数在整个配网系统内要有统一的判别标准，进一步提高自动化配网系统的可视化和智能化程度。

（三）电力系统自动化配网数据的深度开发

在对电力系统自动化配网数据进行深度开发时，一方面要构建能够进行数据实时更新的数据库和运行平台，对来源不同的图形和模型等数据参数进行实时的更新、搜集和汇总分类，进而创建信息服务便捷化、开发手段多样化的开放系统。自动化配网系统的数据库和平台应该具有电力参数搜集和整合的综合功能，这样就可以为实现智能化管理提供丰富的数据资源，有利于电力模型的构建和对图形数据进行有效的维护。此外，通过多元化的控制系统能够对静态和动态数据实施更加丰富的展现；另一方面自动化配网系统对于电负荷的实时性具有较好的分析处理能力，从而能够对电力系统电负荷的特点和变化规律进行详细的分析和汇总，为自动化配网智能模式的建立提供具有参考价值的数据库支持，进而实现配电高峰和低谷划分的科学性和使用性，有效地提高电力企业的外在形象和管理水平。

二、电力系统自动化配网智能模式技术的应用

（一）自动化配网系统的集中智能模式技术

自动化配网系统的集中智能模式的操作重点是把智能化系统检测出的系统故障的详细信息通过断路器等设备传递给电力系统主站的智能化控制系统，然后经过智能化系统的专业计算和精确的分析来识别系统故障发生的准确位置。这种方式主要是借助于自动化配网

系统拓扑网络的控制能及相应的控制装置实现对系统故障的及时隔离，保障整个配网系统不受负面影响，从而能够正常、稳定地进行电力系统的配电。自动化配网系统的智能模式综合考虑了电负荷过载、网络电能损失等各种不良影响因素，以电力系统科学化的分析结果为基础，制定出能够使得电负荷过载缓解和电能损失恢复的有效措施和解决方案，本质上利用控制程序对具体的设备实现对电负荷进行专供。这种操作模式具有普遍的适用性，不仅可以构造不同形式的配网系统，还能够进行系统故障的排除和修复。集中智能模式技术的技术优势非常突出，主要用在架空线路和环网电力结构中，能够保证自动化配网系统的高效运行，对于电力系统的稳定维护具有积极的促进作用。

集中智能模式技术主要有以下技术优势：当自动化配网系统中发生故障时的控制模式和正常运行工况下的控制模式都能够自动地实现调控手段的灵活性，并且对系统故障具有针对性，同时也能够按照电力管理人员的操作程序在自动化配网系统中预先设定的程序中稳定地运行；能够整合整个配网系统中电力用户的用电信息，并以实时的电力数据形式传递到系统的主站控制系统，这样可以确保主站采取合理有效的解决措施，并且保证措施的准确性和有效性，进而确保整个系统信息传递和命令传输的畅通无阻；能够实现和无功电压补偿装置、配电检测计量终端设备之间的兼容性，从而方便实现自动化配网系统无功控制的作用；集中智能模式自身能够对系统故障进行判别和切除的自动化功能，可以把系统故障的影响和经济损失降低到最低水平，在进行控制操作时，可以与继电器等系统保护装置进行联合动作，进一步提高自动化配网系统的稳定性。

（二）自动化配网系统的分布智能模式技术

自动化配网系统的分布智能模式经常用在配网系统故障发生后的处理环节。一旦自动化配网系统发生故障，就需要在第一时间进行系统故障的修复，如果任凭系统故障的存在，将会导致配网系统设备损坏，并造成巨大的经济损失甚至是危及技术人员的生命安全。由于自动化配网系统本身就具有系统故障判别、定位和隔离等控制功能，可以对配网系统的网络结构重新进行构建，这样就简化了技术操作的步骤。分布智能模式技术的核心设备是以 FTU 为基础将多个断路器组合而成的分段器，在实际操作中，分段器的重合功能发挥着非常重要的作用。通常情况下，按照分段器工作原理的不同，可以将分段器分为电流计量型和电压控制型开关，前者是以故障电流来引发分段器发生开闭次数来判别故障发生的准确位置，后者则是以系统主站分段器第一次和第二次产生故障电流发生的时间间隔来判定事故发生的大概位置。

分布智能模式技术主要有以下技术不足：对自动化配网系统和电力用户的终端装置的冲击力比较大，并且对系统故障的分析速度和恢复供电的效率比较低；需要不断地对系统主站的速断定值进行更换，相应的电力参数改动也比较频繁，尤其是在多个支路和多个电源等比较复杂的配网系统中，电力系统整合的难度非常大；在同一条线路中上重合器和下重合器之间的互动性效果不理想。

近些年来，随着我国经济的快速发展，对于电力的需求越来越大，电力系统自动化配网智能模式技术也随着智能化技术的推广得到了完善和优化，配网系统的智能模式技术在新型信息技术的推动下更是得到了空前的强化和提高，在工程实践中不断地取得技术上的突破和创新，加快了技术优化的进度，能够为我国电力系统的稳定运行提供坚实可靠的技术保障。本节主要阐述了电力系统自动化配网智能模式技术的应用，具有重要的现实意义。

第五章 电力系统自动化的安全问题研究

第一节 电力调度自动化中的网络安全

随着我国经济的快速发展和科技的不断进步，使得电力调度的自动化程度越来越高，电力行业的发展规模空前的扩大，电网线路也在不断地强大，所以这给供电企业的电力调度工作带来了很大的困扰。如果电力的调度工作不到位，就会给企业和居民的生产生活带来极大的难题。因此电力企业要高度重视电力调度的自动化网络安全问题，保障安全用电，营造良好的网络环境。本节通过对电力调度自动化中网络安全问题的探讨，分析我国电力调度自动化的发展情况，从而进一步的促进我国电力行业的健康发展。

随着我国经济的发展，我国电力行业也获得了发展的机会，电力调度自动化的水平也在不断地提高，为我国经济社会的建设做出了巨大的贡献。但在电力行业的发展中也出现了一些问题影响着电力行业的前进，电力调度的数据和交流的信息存在着巨大的安全隐患，比如被网络黑客的病毒不断的攻击和威胁，对企业的信息安全造成了很大的隐患，严重的造成了电力行业的经济损失。因此电力调度自动化的过程中要不断地加强网络安全的管理，提高网络安全管理的水平和质量，使电力调度自动化在安全网络环境中运行。

一、我国电力调度自动化网络安全管理的现状

随着经济的发展，各行各业都得到了快速发展，生产生活用电量逐渐的增大，加剧了电力行业电力调度工作的程度。科技的发展推动了电力调度工作的效率，自动化技术被广泛地应用到电力调度的工作中。但我国的电力调度的自动化程度起步较晚，信息技术的不成熟，容易遭受网络黑客的攻击，严重威胁着电力调度自动化的网络安全。虽然在某些电力企业采取了一定的措施对电力调度的自动化网络安全实施保护，但仍旧没能从根本上解决网络安全的问题。

（一）电力调度系统紊乱

我国电力调度自动化随着信息技术的发展升级和更新较快，因此电力调度的自动化程度不能顺应科技的发展而更新换代，降低了电力调度自动化的水平，且系统结构内部出现

不同层次的问题和混乱，严重地影响着我国电力调度自动化的工作进展，一定程度对人们的生产生活带来了较大的影响。因此大量的电力调度自动化网络安全防护失去了意义，对安全防护没有起到应有的作用。

（二）网络安全管理不到位

由于电力调度自动化系统的结构十分的复杂，因此在网络安全的管理中有一定的难度。互联网技术的广泛普及和使用，使得电子邮件和网页的应用日益的普及，但也存在着病毒和黑客攻击的不良现象，对互联网的安全带来了极大的隐患。在我国的一些电力企业管理中对网络安全的重视不够，监控系统与MIS系统的连接没有安全的防护措施，造成了数据丢失和经济的直接损失。另外网络上的黑客对电力数据的传输进行任意的篡改和窃听，从而对电力设备造成了威胁，对电力调度自动化的正常运行生产严重的影响。

（三）系统管理人员素质过低

在电力调度自动化网络安全的维护过程中，往往因为电力调度系统人员缺乏一定的职业素养，对电力调度自动化中的网络安全认识不到位，对于出现的问题没能及时地解决，从而导致网络安全隐患时有发生，最终对电力调度的自动化产生影响，不利于电力调度自动化工作的顺利展开。

二、提高电力调度自动化中的网络安全措施

（一）科学合理的设计网络构造

通过对我国电力调度自动化过程中出现的一系列安全隐患问题的分析和探讨，我国需要对网络安全问题引起高度的重视，应做到遵循网络安全的整体性和统一性的原则，严格遵循网络安全的相关规定，实施统一的安装和管理，统一的调配和使用。在电力调度自动化网络系统的构建当中要首先充分考虑安装过程中的因素，关注于外界的物理因素，防止因火灾、地震等不良意外事故影响网络安全问题。对电力调度自动化系统的管理和控制要严格地按照国家相关的规定和要求，密切关注系统机房的温度和湿度，防止机房的线路发生短路对电力调度自动化系统造成损坏。如果机房的温度过高，要适当地采取降温的方式，采取相应的保护措施，防止温度过高烧毁电力调度自动化设备。做好防静电的处理，铺设防静电的地板，为电力调度自动化提供外在的条件保护。

（二）实施电力二次安全防护策略

要做到二次防护需要对系统业务中重要性和影响进行分区，对控制系统以及生产系统实施重点的控制和保护，并将所有的系统放置在安全的区域内，对安全区进行有效的隔离，采用不同类型的隔离装置对核心系统实施防护：在专用的电力调度数据中设置网络安全保护，与其他分支分网络进行隔离，防止受到牵连和影响：在专用网络上多层实施防护，并

对数据远方的传输采用认证和加密等手段进行保护。

（三）完善电力企业网络安全管理

要想实现电力调度自动化中的网络安全管理就必须为管理提供强有力的法律保障和技术支撑。做到对电力人员和设备等多方面进行有效的管理，实现网络管理的合理化和全面化。建立健全网络安全管理的体制，让电力调度自动化网络安全健康运行。根据相关的制度和规定对企业的电力安全进行管理，降低事故发生的概率。并在相关的制度约束下对电力调度自动化网络进行全面检测，确保电力调度自动化在安全的环境和条件下运行。管理体制中应当明确电力企业个人的职责，并将电力调度自动化的网络安全职责落实到个人，这样也有利于电力调度自动化网络安全的管理工作顺利展开。在技术方面实现全方位的管理，并采取必要的防护措施，对网络运行中的各个细节进行严密的观察和监测。

（四）提高电力企业人员的综合素质

电力企业人员的素质和技术水平关系着电力调度自动化网络的安全运行和管理。电力调度自动化人员不但要具有扎实的专业技术基础，还要有良好的职业素养和综合素质，同时电力调度自动化的工作人员还要从自身做起增强自身的网络安全意识。电力企业要定期对电力调度自动化人员进行专业的培训，使企业人员正确地对待电力调度自动化中的网络安全问题。只有电力调度自动化工作人员自身的安全意识和综合素养提高了，才能从根本上杜绝网络安全隐患的存在，才能为网络安全问题提供正确的解决方法。

电力企业作为国家经济的重要支柱，应当重视电力调度自动化的网络安全管理问题。电力调度自动化的网络安全问题对电力企业的健康发展起着重要的作用，如果忽视电力调度自动化中的网络安全问题，就会造成企业的经济损失。因此电力企业在电力调度自动化中要加强网络安全的管理，从人员、技术和设备等方面实现电力调度自动化中的网络安全，以促进电力企业的健康和可持续发展。

第二节　变电站电气自动化及电力安全运行

立足电网系统，变电站是重要构成部分，其运转的安全性与稳定性直接关乎电网系统的供电质量，事关系统运行的效率。基于此，为了维护电气设备的有效运行，现代自动化技术的应用势在必行，应做到强化变电站运行的高效监督与管理，全面做好电力安全运行维护工作，在根本上为用电安全性与稳定性提供坚实保障，推动电力系统的可持续发展。

变电站是维护电力系统高效运转的核心因素，涉及诸多设备类型，对电能的有效配送意义重大。新的发展时期，社会用电需求的持续上升，变电站面临新的挑战，因此，自动化与安全运行成为重点，更是保证整个系统稳定运行的关键。

一、结合行业发展正确认识变电站电气自动化对电力安全运行的社会价值

首先，对于社会生活，电能是基础，是社会经济发展的前提。随着用电量的增加，用电隐患也逐渐加大，尤其是大负荷电器的应用，促使电气设备深受挑战。而电气设备运转状态与变电站自动化以及电气安全运行息息相关。其次，只有依托较高的电气自动化水平，保证电力运行的安全性，才能切实提升变电站管理水平，保证高质量的电能输送，为电力系统稳定发展营造更加优质的环境。

二、基于专业角度对变电站电气自动化发展方向的分析

（一）依托分层分布式结构，构建变电站整体框架

对于变电站，其总体框架的设计模式为分层分布式结构，主要涉及三个部分的内容，即站控层、网络层以及间隔层。具体讲，对于间隔层，其主要依托传感层，实现对变电站内一次设备运行数据的全面收集与分析，以此为依据，进行相关指令的执行与传达，实现对一次设备的有力防护，达到控制管理的目的；对于网络层，以工业以太网为支撑，以传输为目的，传输速率超高，是变电站运输的基础。站控层是整体框架的中心，作用是实现对变电站所有电力设备运行的全面监控与管理，涉及报警、指令执行等。

（二）基于整体框架，全面了解变电站硬件类型，强化系统运行的监督与管控

立足变电站整体架构，其硬件设置的分析主要是对硬件配置进行全面了解。具体讲，在站控层，其主要包含的硬件设备有服务器、报警器以及监控机等；在网络层，硬件内容有交换机、光缆以及光纤接口盒等；中间层的硬件以电能采集装置、开关柜以及相关保护装置等为主。在硬件设施的支持下，能够进行数据的高效传输。基于数据传输的基本原理，主要是以网络层通信光缆为依托，实现双以太网传递目的，维护电力安全运行。只有依靠科学的二次设备硬件设计，才能增强对一次设备的监督控制，为安全性奠定坚实基础。

（三）重视功能模块与接口的软件设计，加快电气自动化设计目标的实现

基于功能模块的软件设计：对于变电站电气自动化，软件设计是关键，其主要是以硬件设施为依托，强化自动化运行的实现。具体讲，对于软件设计，首先是以功能模块为基础，强化 A/D 采集以及计算机处理的实现，依托功能性模块，能够实现电力信号的分析转变，构建能够解读与识别的信号，形成系统决策，达到对于各种信号性质的辨别。其次，通过 A/D 采集，借助计算机进行数据分析，同时进行信息存储与合理分类，便于后期查询使用，达到人机交互的目的。最后依托开关量进行输入与输出操作，达到信号转换与传输目的，

准确识别信号档位。

功能接口的设计：对于功能接口，主要涉及三部分，即与继电保护装置的接口、与电能计量系统的接口以及与智能仪表的接口。对于保护装置的接口，以双网口方式为主，作用是实现网络检测，强化与监控系统的有效连接；电能计量接口以规约转化器为手段，达到电能计量设备电能的合理规约，满足收集的目的；仪表接口也就是通信接口，与报警器等处于连接状态，达到数据协调处理的目的，满足数据采集与分析的目的，实现高密度监控的目的。依托软件设备的设计，强化电力系统二次设备的全面整合，提升监控自动化水平。

三、提升变电站安全运行的策略

将无人值守专责制度落到实处，保证责任到人。对于变电站运行管理，为了有效落实无人值守，要避免盲目性，以变电站实际管理情况为基础，将设备无人值守专责制落到实处。具体讲，在管理实践中，要善于对职责进行分解，加强巡视与维护，专人进行验收，保证责任落实到人。一旦设备出现故障，要保证在短时间内找到责任人，保证故障得到及时解决与处理。

重视自动化管理制度的优化与完善，维护电力系统稳定运行：立足变电站自动化运行，其安全性深受多方面因素的影响，为此，要进行科学分析，重视规划，制定针对性的应对策略。具体讲，从人员管理角度分析，要对人员制度进行优化，重视规范化与制度化管理，切实提升整体运维管理技能水平，促使各种人员能够在实践中积累经验，重视做好设备维护检查，提升人员工作积极性，实现对自动化的高效管理，维护电力运行的安全性。

正视行业发展挑战，加强员工技能培训：立足变电站管理，岗位处于分散状态，甚至有些变电站管理水平较低，管理资金投入不大，管理人员不足。另外，随着变电站配套设备的增加，管理面临极大压力。为此，要结合实际，构建合理的培训制度，做好考核，切实加强运行管理人员运行技能的提高。

对于变电站运行，电气自动化主要服务于系统安全运行，因此电气自动化是决定变电站安全运行的关键。为此，要结合变电站发展实际，正视电气自动化对于系统运行的价值，掌握提升电气自动化管理的方法与途径，构建行之有效的安全维护措施，为电力系统的稳定运行创造更加有利的条件。

第三节 电力通信自动化信息安全漏洞及防范策略

在如今社会经济飞速发展的时代，科技日新月异，我国的各个行业领域都取得了较大的发展成就，特别是在计算机技术、网络技术等高科技领域。目前，电力通信技术在各个领域中都发挥着不可忽视的作用，自动化系统的出现也使电力通信技术的性能得到了优化。文章主要探究了电力通信自动化信息安全漏洞及防范策略。

随着我国经济实力的提升，我国在电力通信方面也有了很大的突破。近年来，我国电力通信系统的自动化水平在不断提升，这使得网络传输质量和速度也产生了质的飞跃，网络信息保密方面也有所突破，但是不可否认的是电力通信自动化信息安全漏洞还是普遍存在的。

在如今网络普及的时代，网络信息安全漏洞的存在严重阻碍了电力通信的发展，因此，必须有效解决此问题。

一、电力通信系统的安全管理重要意义

电力通信系统的特点决定了电力公司在对电力自动化通信系统进行管理时，必须要对其数据进行全面的加密处理，并且要根据数据类型的不同选择不同的加密措施。通常来讲，电力通信系统中的数据可以分为实时数据和非实时数据两种。下面就从这两个数据类型的特点对其进行安全管理研究。

（一）电力通信实时数据的基本特点

在电力通信过程中，无线网络中主要采用的是实时数据的传播方式，换言之就是无线网络的主要应用特点是能够实现对实时数据的传播，而且值得注意的是在实时数据的传播过程中，对于数据的时间的要求是非常严格的，不可以出现较大的时间延迟现象，也就是说要保证实时数据的有效传输。

另外，在无线网络传输的过程中，数据的流量相对较小，所以除了保证数据传输的速度外，还要对数据的稳定性进行分析，以更好地实现数据的安全运行。通常来讲，在数据的稳定性的控制方面，数据可以分为上行数据和下行数据两种，对待这两种数据的稳定性的措施是不同的。

首先，对于下行数据来说，要想实现稳定性的管理，就必须要实现对相关无线设备的安全管理，即对现有的无线自动装置和网络遥控设备进行安全管理；其次，对于上行数据的传输过程，要做好相关的信息检测和事件记录，也就是说相关人员要依据电网调度的相关信息，对数据的稳定性进行全面的分析，即对其使用过程中的可靠性和安全性进行分析。

（二）电力通信非实时数据的基本特点

对于电力通信过程中的非实时数据而言，其最大的传输特点就是在传输过程中要同时处理数量较大的信息，对于数据的传输量的要求比较高，但是值得注意的是对于时间的要求相对较为宽松，也就是说可以允许一定的数据延迟现象的产生。此外，还要注意的是要对数据进行严格的加密处理，因为非实时数据对保密性的要求通常比较高。

二、电力通信自动化信息安全漏洞及防范策略

（一）电力自动化中心站方面

电力通信系统中实现信息传输功能主要依赖于电力通信中心站，所以只有保证其正常运行才可以保证信息的安全传输，然而在中心站方面却存在信息安全漏洞，为了更好地解决此方面问题，可以从如下几个方面着手：首先是管理方式。鉴于对中心站进行维护需要以指令来完成，因此要确保各个指令的可行性、实用性，而指令的传输和接收需要依靠各个接口来实现，而目前能够在此方面发挥很好作用的则为光纤接口，其能够对接口进行安全防护，避免在接口处发生故障；其次是安全防护角度。在安全防护方面我国应用最多的则是防火墙技术，其在应用中可以很好地阻止黑客攻击，也能够避免在各个程序运行中带来信息安全隐患，若将其作用进行归纳可以体现在如下几点：第一，限制非用户对系统进行访问；第二，可以避免网络攻击，并且实现网络管理；第三，对整个网络的所有子站进行统一的管理。

（二）电力信息无线终端方面

无线终端作为电力通信的过程中一种重要的设备，其对于网络的应用安全也是有着十分重要的影响，即在通信子站和中心站的连接过程中，无线终端不仅要实现对数据的有效传输，还是连接两个站点之间的重要设备。对于无线终端而言，实现系统的安全防护就是要对其访问的安全性进行设置和管理，因为无线终端设备的最大安全威胁来源于操作用户的不合法性。具体来说，在终端设备的安全防护过程中，首先，要对用户身份进行准确和有效的识别，也就是说要对用户进行一定的操作密码设置；其次，要对用户的访问范围和权限进行设置，也就是说要根据现有的数据的保密程度的不同，对不同的数据信息进行不同的加密处理，这样就能够实现对数据的更多层次的保护。

三、电力自动化无线信息通信的加密方案

（一）多层次加密方案设计

在网络加密方面已经有了多种方法，如应用较为广泛的端端加密、混合加密、链路加密等。在我国传统电力通信自动化系统中，其大多数均应用了链路加密的方式，这种方式可以避免流量分析攻击，但却并不适用于如今的电力通信系统，因其无论在传输速度上或是在传输容量上均已经无法充分满足要求，并且节点众多，若要进行加密管理则要实施解密算法，这对于整体管理而言极为不利。此外，这种方式的应用容易受到攻击，而一旦节点被攻破即会为整个通信系统的安全造成影响，故而在当今的电力通信中应用最多的为应用层加密方式，其能够很好地避免链路加密中出现问题，并且无论在服务器方面或是在客

户端方面，都能够进行加密算法的全面覆盖，同时其也可以提升整体传输速度和质量，更支持软件加密的应用，能够在网络层和应用层之间进行通信加密，非常符合现代社会对信息通信方面的要求。

（二）加密算法

虽然目前应用层加密有多种形式，但应用效果最佳的还是摘要算法，其能够在数据流方面起到较好的作用，例如其支持分段摘要计算，该种方式能够很好地保证数据传输完整性。在电力系统 SCADA 中，实时数据的传输是最为重要的，但在此过程中信息是否泄密并不会对传输质量有任何影响，反而是要注意数据是否存在被篡改，或是被冒名重发的现象，如目前发送信息为 N，而共享秘钥是 B，接收方在信息加密校验中即可以将 MD5（n+b）丢弃，也不会对数据信息安全造成影响。而若在此过程中采用秘钥计算，则需要在 MD5 算法的基础上进行优化，即要在此进行摘要计算，否则难以确保数据的完整性和独立性。由此可以看出，与其他方式相比 MD5 更有优势，如其效率高、操作不繁复等，并且 MD5 不需要特殊的密钥管理等优势也使其成功被各个领域接受和喜爱，所以其也已经成为现阶段电力信息系统信息安全漏洞防范模式中最受欢迎的一种。

总而言之，电力通信自动化系统中的信息安全问题对电力行业的发展以及人们的日常生活都有较大的影响，若不能够实现较好的安全防护，就不能实现数据的准确传输，而且还可能给电力系统的运行造成阻碍。所以，相关电力部门应该对电力自动化无线通信中的信息安全问题予以重视，结合信息安全的需要，制定科学有效的方案，以保障电力无线通信的安全。

第四节 电力拖动系统的自动控制和安全保护

电力系统提供能源供应保障，并在不断地完善，电力拖动系统可以提高电力系统的稳定性和安全性。本节以电力拖动系统的稳定性作为基础，探讨了电力拖动系统自动化发展的问题，针对电力拖动系统的自动控制和安全保护，概述了电力拖动系统自动化进程的具体进程。

电力施动控制系统为一种重要的控制系统，将其应用于工业生产中可发挥着重要作用。在科学技术快速发展地推动下，电力拖动系统的应用形式已经基本实现自动化，自动化电力施动控制系统可更好地满足电力需求。本节主要从电力施动自动控制系统的设计原理、方案选择等探讨该系统自动控制的具体实现和有效的安全保护措施。

电力拖动控制系统在目前已有的技术群体中，有着很多优点和比较突出的长处，在实际运用中，不仅有着其他技术难以比拟的安全性，而且这项技术的可靠性和稳定性也有保障。在如今电气工程的领域中，电力拖动系统的运用十分普遍，而且在电气工程的运用中也很广泛。随着电气工程的不断发展，电力拖动控制系统也得到了很大程度的提升。在电气工程领域，很多应用都得到了电力拖动控制系统的支持，并且结合电气工程中的先进技术和思维，电力拖动控制系统也得到了更深层次的发展。

一、电力拖动自动控制系统的设计原理

从目前电力行业的整体情况来看，电力拖动控制系统和电气工程相结合，这是一种很有价值的技术互补。两者之间的不同优势和不同技术，使得电气工程得到了很好的提升和发展，同时电力拖动控制系统也得到了优化和更好地运用。电气工程中的电力拖动控制系统的运用，对电气工程来说，这是一种划时代的变革。

电力拖动控制系统在电气工程中应用广泛，最主要还是用来对电气工程的很多环节进行控制和调节。电气工程中的自动控制系统，其中的核心控制部件，都需要电力拖动控制系统来实现自动控制和调节。如今电力拖动控制系统日益趋向成熟，在自动控制系统中，有多核心的控制环节都需要电力拖动控制系统来实现和完成，这些是自动控制的核心以及重点，不能出现任何错误。电力拖动控制系统可以根据不同的需求来进行模式的切换，通过识别用户的指令和命令，对系统进行控制，切换到需要的工作模式，这一过程中，电力拖动控制系统扮演着相当重要的角色。电力拖动控制系统为了平衡自身的参数和数据，需要建立负反馈调节机制，所以需要电力拖动控制系统自身来完成这一目标。这些只是电力拖动控制系统在电气工程中运用的很小部分，实际运用中的控制功能远远不止这些，电力拖动控制系统在自动化控制领域也有着相当广泛的运用。

二、电力拖动系统自动控制的设计

（一）电力拖动自动控制系统的选择

工作人员应当用一种宏观的方法，对电力拖动自动控制系统的多种方案进行选择。但是因为电力拖动自动控制系统的内部方案和实现方法都十分复杂，并且这其中有很多子系统的存在，所以在选择方案的时候，如果有某个步骤出现疏漏或者错误，任何一个子系统出现运行问题，都会对控制系统的整体造成干扰。选择一种具有宏观特性的控制系统方案，可以对整体的自动控制系统进行把控，那么如果系统所包含的子系统出现运行错误，自动控制系统本身也可以对系统的自身结构进行修复和改善。

电力拖动系统的自动控制能力非常重要，可以对系统的不同形式进行切换，并且不同的电力使用过程，系统对电力能源的监控也是不同的，它会根据实际情况对资源进行调配。与此同时，电力拖动系统可以充分利用自动控制能力来对电力资源进行按需分配，以保证每个环节都有充足的电能供应。

（二）调节器设置

系统中安装了转速调节器和电流调节器，可以满足转速负反馈和电流负反馈的需求，而且其前者和后者之间实行串联连接，通俗地说就是将电流调节器的输入数值当作转速调节器的输出数值，整个晶闸管整流器的完整触发装置将会受到电流调节器的输出信号的调节和控制。电流环处于双闭环结构的内环；转速环则处于外环。双闭环调速系统为了获得良好的静动态性能，其转速调节器和电流调节器一般都采用 PI 调节器。

（三）建立系统数学模型

为了提高整体设计的精确度和准确性，电力系统的设计人员可以根据不同系统的特点，有针对性地对系统中每个细节模块进行设计，构建与之对应的数学模型，以及相关的空间算法和方程，这样可以做到对整个系统的调节和控制。建立数学模型可以对系统设计的整体性能进行提升，并且可以提高系统设计可靠性，这也是优化系统的主要方式之一。在目前的电力行业中，这种方法已经受到普遍认可，当前已经得到了人们的广泛使用。

（四）选择性调节

之所以叫作选择性，是因为如果电力系统中有故障出现，最为关键的一点就是对电力系统的整体进行保护，所以系统需要按顺序排查电路，对整个的工作过程进行监控，一旦找到故障所在，立刻对其进行解决，保护系统的安全。如果在解决问题的过程中有更大的影响出现，应当将相邻的电力设备和传输设备进行隔断，作为二级保护设备，防止出现更大的电力供应失衡问题，保证电力系统的整体稳定性和安全性。选择性最为关键的一点就是，根据系统的检测，将电力的供应和用户用电的需要互相匹配，避免造成电力资源的浪费。从这一点可以看出，电力拖动系统的保护装置稳定性可以很好地提升电力供应的效率和质量。

（五）灵敏性的要求

电力拖动系统需要保护装置具有很高的灵敏性，可以检测细小的变化，具体通过电压波动来体现，保证保护装置的敏感系数可以达到系统要求。如果电力系统出现超过安全范围的波动，保护装置需要在短时间内做出反应，及时采取保护措施，进行对电力拖动系统的全面控制。

三、电力拖动系统的安全保护

在电力拖动系统中，安全保护主要分为两大部分，分别为电气保护、计算机系统保护。电气保护为基础，计算机保护为建立在电气保护基础之上的上层保护。电气保护主要有4个内容，其分别为欠压保护、过流保护、热保护以及短路保护。对于计算机保护而言，保护内容主要为安全链保护、运行联锁保护、启动联锁保护等。

（一）电力拖动系统对于电力系统的重要性

电力行业运行中容易出现问题，有些是电气故障，有些是电力系统本身的运行故障，这些都是不可控的。如果在供应电力的局部地区出现了电力传输设备的问题，而且没有相应的应急措施，就会造成更加严重的后果，比如会有大面积的电力供应中断，对人们的生活和工作造成直接影响。所以电力系统做了相关的规定，要求电力传输设备都必须安装电力拖动系统，用来保证电力传输的正常运行。同时电力系统也应当及时对保护装置进行更新和检测，确保整体传输系统的稳定性。

（二）拖动系统的安全保护重要性

从现在的电力行业情况来看，电力拖动系统都加装了相应的安全保护装置，并且也有对应的技术人员定期对保护装置进行检测和维护。电力拖动系统提升了整体的管理水平，并且推动了电力行业的发展。随着电力行业的不断进步，电力拖动系统的安全保护装置也会得到更好地提升。

（三）电力拖动系统对影响电力系统的自动化改造

电力拖动自动控制系统可以对能源的利用进行调节控制，以便合理的供应电力，满足用户的需求。从电力系统的功能需求来看，电力拖动控制保护装置的作用不可忽视，其可以通过拖动控制保护装置对电力系统进行工作的保护，提高电力系统的安全性和稳定性。

电力拖动控制系统的出现，对传统的电力控制系统已知问题进行了解决，并且提升了传统控制系统的机械性能，进行了优化，提高了电力传输的效率，生产的效率也有了一定的提升。通过电力拖动控制系统的支持和运用，传统的电力行业又重新进行了改革，带来了新的机遇和挑战。

第五节　基于电力安全生产监察下电气工程及其自动化应用

电的应用为人们的生产和生活带来了极大方便，当今社会的发展对电的需求越来越高，随之也使得供电公司的电力生产运营的工作量越来越大，相应的安全生产监察难度也逐渐加大。为此，供电公司为满足大量的供电需求就需要运用电气工程及其自动化技术。本节探究了自动化技术的应用对电力安全生产的意义，及发展应用措施。

为满足社会发展对电力的需求，供电公司必须提高电力供应量，同时保证供电的安全与质量，于是在此基础上供电公司应用了电气工程及其自动化技术，提高企业对电力安全生产的监察水平。技术人员正逐步提高这项技术的应用水平，促进电力安全生产水平的进一步提高。

一、电气工程及其自动化应用对电力生产安全监察的意义

（一）提高电力安全生产监察水平

应用电气工程及其自动化技术，有力利于促进电力生产过程的自动化、机械化操作水平的提高，实现电力生产运营管理的科技化。而自动化监察系统的应用大大提高了电力生产的安全性。安全性是一项衡量监察水平的重要指标，而自动化监测系统的明显特点就是安全可靠。自动化监控系统可以更好地监控电力安全生产的实际情况，从而提高电力安全生产的监察水平。

（二）降低电力安全生产监察的工作难度

电气工程及自动化技术的应用有效地提高了电力监察工作的效率，能够做到实现监察工作的科技化发展，降低监察工作的难度。供电企业通过应用这项技术，实现了电力安全生产的自动化，同时建立电力安全生产的自动化监测系统，运用科技手段对电力安全生产进行及时性的自动监控，降低传统人工监察的难度。

二、如何利用电气工程及其自动化的应用促进电力安全生产监察水平提升

利用电气工程及其自动化的应用促进电力安全生产监测水平的进一步提升最根本的方法就是提高这项技术应用水平，提高对电力生产质量的控制时水平与对电力生产供应的安全管理水平。这样才可以有效地降低监察工作的难度，提高监察工作效率，进而促进电力

安全生产监察水平的进一步提高。

（一）提高电气工程及其自动化应用的质量控制水平

通过技术水平的提升促进电力生产供应中的质量控制水平的提高，不仅可以提高电力生产的质量，还有效地提高电力安全水平，进而有效地降低这方面监察难度与工作量。提高电气工程及其自动化的质量控制水平的措施有以下几种：

1.在电气工程设计与施工前加强质量控制

电气工程设计是施工的前提，为实际施工提供具体的方向与要求。因此在电气工程设计阶段必须严格制定工程施工中的具体要求，以加强施工中的质量控制。在施工开始之前，施工人员必须与设计人员进行有效沟通，详细了解电气工程施工中的各项具体要求，完善实际施工方案，保证电气工程施工质量。

2.提高电气工程的施工中的质量控制

首先，保证施工人员的专业素质，管理者在选择施工人员时应优先选择专业素质高或经验丰富的，这样可以保证施工的质量，进而保证电气工程的整体质量。由专业素质高的施工人员对各环节的施工质量进行监察，以保证电气工程的整体质量，这样可有效地降低后期电力安全生产监察工作的难度，减少后期监察的工作量。

其次，加强对施工设备与施工材料的质量管理，管理者必须选择质量优良的设备与材料，并对其进行严格管理，保证其质量不会应气温、降水等外界影响因素发生严重变化，而降低工程质量。

最后，加强施工中监管控制力度。一方面加强对施工人员的监管，保证其施工的质量。另一方面加强对施工环境的监管，及时处理施工中出现的问题，保证工程质量不受影响。

3.加强对电气工程及其自动化系统的监察

加强对电气工程及其自动化系统的监察可有效地保证电力生产质量，实现电力安全生产。所以加强对电气工程及自动化的监察力度，是有效提高电力安全生产监察水平的重要工作手段。

（二）提高电气工程及其自动化应用的安全管理水平

提高电气工程及自动化应用的安全管理水平，有利于促进电力生产的安全管理水平的提升。通过提高电气工程及其自动化系统的安全可靠性与工作效率，可以增强电力生产供应环节的安全性，提高电力安全生产监察效率与水平。提高电气工程及其自动化的安全管理水平的措施有以下几种：

1.提高施工人员的安全意识

管理者应通过宣传与制定相应的管理制度提高电气工程及其自动化的相关工作人员安全意识，保证工程、系统的安全性，从而保证提高其对电力安全的监察水平，有效的保证电力的安全。

2. 加强监察力度

加强监察力度,可有效地应对电气工程及自动化系统在施工与运行中存在的各种风险,保证及时有效地对其进行防治,从而保证电气工程与自动化系统的安全运行,进而保证对电力生产供应环节的安全性。

3. 提高员工的专业素质

提高员工的专业素质,有利于保证其按安全施工与操作的原则进行电气工程的施工与运行,并可以从技术上保证电气工程与自动化系统的应用安全性,保证各组成部分的正常运行。所以提高员工的专业素质有利于降低电力安全生产监察工作难度,提高监察工作效率,

在电力生产运营中提高电气工程及其自动化的使应用水平,对提高电力安全生产有着重要的影响意义,尤其是自动化监察技术的应用明显提高我国电力安全生产监察的水平。因此,通过提高电气工程及其自动化的质量控制与安全管理的水平,可有效地提高电力安全生产,降低电力监察难度。

第六章 电力系统自动化与智能电网理论研究

第一节 智能配电网与配电自动化

电力企业是经济发展的支柱，而电力系统的智能化发展是电力企业进步的关键。智能配电网、配电自动化的应用，是科学技术发展的选择，同时也是提高电力企业市场竞争力的重要措施。以智能配电网与配电自动化为核心展开研究，详细剖析智能配电网、配电自动化的内涵与关系，从而认识到两者的重要性，并且总结其未来的发展方向，目的在于进一步实现电力系统的智能化。

智能配电网与配电自动化是电力系统改革、智能技术升级发展的重要产物。尤其是配电自动化，进一步推进了电力系统的智能化发展。作为智能配电网的关键环节，配电自动化发展十分关键。电力系统更加注重低碳化发展，在此发展趋势下，智能配电网调整发展模式，结合配电自动化的升级，转换利用方式，拓展智能电网，打造更加全面、科学的数据网络体系，从而提高电力系统运行的稳定性与高效性。

一、浅析智能配电网、配电自动化

（一）智能配电网

所谓智能配电网，其本身不仅是电力系统配电网系统发展与升级的延伸，同时也是智能化发展的体现，进一步满足了电力系统的发展需求。智能配电网的全面落实，主要以高新智能技术为主，以集成通信网络的方式，融入更多先进技术，引进先进设备，从而提高配电网系统的控制能力，确保配电网系统安全健康的运行。智能配电网具备超强的自愈能力，能够有效抵抗不良因素的影响，并且进一步满足用户电量方面的变化。以智能配电网控制电量应用，解决电力系统高峰期跳闸抑或是电力不足等问题。智能配电网的应用，很大程度上创新了电力系统的运行模式，同时提高系统运行效率，保证了电力系统供电质量。

（二）配电自动化

配电自动化作为智能配电网的关键内容，本身以运营管理自动化为基础，实现低压状态下智能配电网的自动运行，帮助智能配电网实现全自动控制，提升智能配电网的信息化。

配电自动化本身具备多种功能，能够及时收集智能配电网运行数据，并且对数据进行加以分析，根据故障类型自动设置隔离。配集微电子、自动化、计算机等于一体，有效控制智能配电网系统，维持配电网稳定运行。配电自动化在不断发展中逐渐实现了调度"可视化"，改善配电网中存在的供电质量难题，提高故障处理效率。当然配电自动化中包括 GIS 平台，有效管理配电信息，提高配电网控制力度，迅速解决因为各种原因出现的电力系统停电故障等。此外，配电网自动化提高了智能配电网系统的控制能力与信息化水平。

二、智能配电网、配电自动化关系剖析

智能配电网与配电自动化，都是电力系统智能化发展的重要体现，同时也是智能技术应用的关键。现代化电力系统发展面临更多问题与挑战，所以我们应做到协调好智能配电网与配电自动化之间的关系，激发两者的应用价值，获取更多发展优势。配电自动化属于自动化技术类型，智能配电网发展中，配电自动化技术为智能配电网提供了更多便利条件，两者关系十分紧密。智能配电网的安全高效运行需要配电自动化技术的支持，配电自动化技术价值的展现需要智能配电网的帮助。配电自动化技术有效结合信息技术、互联网技术等，实现信息的高效交流，打造自动化信息采集与分析模式，将其很好地融合到智能配电网中，形成自动化运行整体。自动化技术支持配电网智能化运行，有效处理配电网中面临的管理问题与故障问题，并且帮助智能配电网实现用电情况统一分析。

智能配电网、配电自动化之间存在一定的差别。首先是智能配电网的智能化技术更为先进与成熟，并且技术范围更加广泛，包括配电自动化中的二次技术，一次技术与其他先进技术。智能配电网在电力系统中的应用，主要以降低系统运行成本为目标，实现系统的开源节流，提升配电网的运行性能。配电自动化技术的主要目的是辅助智能配电网实现电力系统智能化运行，完善全新智能配电网发展模式。智能配电网在传统配电网系统基础上，增加电表信息读取统计、电网自动化运行等功能，为用户用电与咨询相关信息等提供更多方便。

三、智能配电网与配电自动化发展趋势总结

从电力系统长远发展与智能发展来说，智能配电网、配电自动化二者缺一不可。市场结构调整，经济环境发展变化，节能化、低碳化发展成为主题。在这样的发展背景下，智能配电网、配电自动化必须深入剖析未来发展趋势，明确未来发展方向，实现发展价值。

（一）认真对待智能化发展要求，加大技术创新力度

智能化发展是主要方向，不管是智能配电网还是配电自动化，都必须加大技术发展与智能发展创新力度。电力系统智能化发展期间，创新离不开新技术的开发与应用。充分利用波载通信技术，做到配电系统信息变化的及时掌握与统计发布，为智能配电网增加读取

远程电表功能，时刻掌握用电信息与用户用电需求。配电自动化技术积极创新，总结实际应用经验，做好信息处理工作，从中筛选出更多有价值的信息资源，为智能配电网智能化发展提供更多参考。科学应用用户电力技术，搭配低压配电技术、数据分析技术、系统检测技术以及微处理技术，升级配电自动化技术，从而进一步提高电力系统运行的安全性以及电能质量、信息处理的目的，增强智能配电网运行的可靠性、安全性。技术创新与升级，能够进一步解决供电量需求变化的难题，帮助智能配电网实现特殊负荷下的正常运行。智能配电网柔性化特点，能够更加灵活地控制系统运行。

（二）提高配电网安全重视，强化配电网运行功能

随着智能配电网的发展，配电自动化技术很好地协调了智能配电网结构，并且增添更多智能化功能，帮助智能配电网更好地朝着电力市场发展方向前进。加强对配电网安全的重视，进一步强化配电网运行功能，提高智能配电网工作效益，为电力企业发展创造更多优势。电力企业发展竞争愈加激烈，配电网自动化的实现，使得电力企业供电质量明显提升，并且在很多方面节省运行成本，实现了企业经营的开源节流。自动化运行与故障检测等，都是保障配电网安全的重要手段，功能性更强，使智能配电网的运行效率明显提升。所以我们应加大配电自动化技术的开发研究，强化配电自动化，从而升级智能配电网性能。

（三）深入研究新能源技术，实现配电网可持续发展

智能配电网与配电自动化未来发展，还需要加大对新能源技术的研究力度。利用新能源技术减少智能配电网能源消耗，贯彻落实环保运行理念，升级配电网保护控制能力，实现电力系统能源的统筹规划。在配电网运行过程中，对于运行管理方式提出新标准，对此智能配电网、配电网自动化都必须积极调整，严格控制网点的选择。突破传统配电网中分布式发电的限制，以 SDG（科学数据网格）为载体，充分利用其超强的适应性能力，适当渗透 DER（分布式能源），有效减少配电网传统能源消耗。这样一来可再生能源在配电网中得到全面推广，电力企业的碳排放量明显降低，同时节约了更多的化石燃料，真正做到了环保发电，电力生产节能手段得到优化，智能配电网与佩戴能自动化的能源结构得到有效转变。

综上所述，智能配电网与配电自动化的发展，打破了传统配电网发展限制，并且升级配电网自动化技术，两者的有效结合与充分利用，实现了电力系统的高品质、高水平、高环保、高标准"四高"发展。

第二节　智能电网调度自动化系统研究

电力系统不仅是我国重要基础设施当中的一部分，而且也是人们目前赖以生存的基础，电网调度自动化系统的应用能够为电力系统的安全稳定性提供一定的保障。但是当前电网调度自动化系统在构建以及运行维护方面仍然存在问题，本节对此进行详细分析和研究，并且提出有针对性的解决措施，以提高电网调度自动化系统的整体应用水平。

现如今，我国国民经济水平不断上升，人们的日常生活质量和水平越来越高，对于电力的整体需求越来越多样化。为了满足现代人对于电力系统的整体需求，电力系统在日常经营管理过程中，需要提高其自身的系统安全性和质量。电力系统不仅是国家自身非常重要的基础设施，同时也是对人们日常生活产生积极影响的设施，所以其自身在运行过程中要保证一定的安全性和稳定性。但是根据实际情况来看，当前电网调度自动化系统的构建以及维护过程中仍然存在各种各样的问题，对电网的整体安全稳定运行造成了不同程度的影响。

一、电网调度自动化系统的构建

（一）构建自动化系统支撑平台

电网调度自动化系统对电力系统的整体运行来说，能够起到非常重要的影响和作用，一旦电网调度自动化系统在日常运行以及维护过程中出现问题，就会直接对电力系统的正常、安全、稳定运行产生影响。因此在这种形势下，要保证电网调度自动化系统的科学合理构建，保证其自身在运行过程中的稳定性和安全质量。在改进之后的系统支撑平台一般来说，都会利用多级分层客户端的方式来实施，系统会利用分布式的触发机制，与此同时，会建立相对应的实时数据库管理体制。这样不仅能够保证电网调度系统自身更加快速、高效的运行，而且能够在数据处理时，保证数据的真实性和有效性。在改进之后的自动化系统在数据传输方面也有了明显的进步，在实际操作过程中，能够实现批量导入，并且能够针对批量资料进行修改，这种运行方式在实践当中，为数据库增加了更多的缓存空间。在这种形势下，即使数据库出现一些故障问题，SCADA 服务器自身的基本功能也不会受到影响，仍然能够保持正常工作的运行状态。

（二）构建自动化系统新旧功能

SCADA 系统一直以来都被广泛地应用到电力管理系统当中，在技术方面比较成熟，不仅能够保证电网在日常运行过程中的稳定性和安全性，而且能够提高电网调度的整体工作效率。在当前现有的系统调度设备当中，SCADA 系统可以说是最早被应用到电网调度当中，该系统在实际运行过程中，能够实现数据采集、事件顺序记录、事故报警处理等等其自身能够实现多功能化处理。电网调度自动化系统在实际构建过程中，在保证沿袭传统技术的基础上，要与时俱进，与现代化技术进行有效结合，进行不断的创新和改革发展。对于改进的自动化系统，需要在原有功能的基础上，相对应地增加电网分析功能，电网分析功能可以说是在 SCADA 系统的基础上，逐渐建立并且发展起来的。这样一来，不仅能够为电网调度自动化系统的正常安全运行提供切实有效的保障，而且能够最大限度地提高电网分析自身的智能化水平。

二、电网调度自动化系统的运行维护操作

（一）电网调度自动化系统硬件的运行维护

电网调度自动化系统在实际运行过程中，为了保证其自身的稳定性、安全性以及运行质量，进行相对应的日常维护是非常必要的工作内容。电网调度自动化系统主要是由硬件和软件系统相互组合而成。其中，硬件是整个系统在运行过程中可以随处看见的部分，硬件设备自身的稳定性和质量能够直接影响到电网调度自动化系统的整体运行水平。在实际运行过程中，即使只有一个硬件出现故障问题，其他设备也会相对应的受到不同程度的影响，严重的情况下，会直接导致整个电网出现瘫痪。这样不仅对电网系统自身的运行造成严重的威胁，而且对人们的日常用电需求也产生了一定的影响。因此，需要加强对硬件检测的力度和重视度，对硬件要进行及时、定期的检查、保养，对其中存在的安全隐患问题及时采取有针对性的措施进行处理，保证硬件自身的质量。

（二）电网调度自动化系统人机界面的运行维护

电网调控中心结构相对来说比较复杂，涉及的内容和方面比较多，其自身的分支也比较多，所以在实际运行过程中，经常会出现人机相互之间不和谐的状态。通过对实践操作进行分析可以看出，大多数情况下都是由于错误操作而造成事故问题的发生。针对这种情况，我们应该注意在实际操作过程中规范操作人员自身的行为，安排专业人士定期对站端信号进行维修和检查，在保证其自身自动化数据传输水平不断提高的基础上，加强机房调度中心机组人员自身的业务素质和专业技能水平，最大限度的保证人机之间能够协调相处，保证电网调度自动化系统的正常安全稳定运行。

（三）电网调度自动化系统自测的运行维护

电网调度自动化系统对于电网系统的整体运行来说，具有非常重要的影响和作用。在这种形势下，电网调度自动化系统具有启动状态估测功能，能够对系统自身的实际运行情况进行评估和检测。在实际工作当中，启动状态估测功能并意味着一定没有问题出现，比如同一个检测点 PQI 匹配不和，导致辨识出现误差现象，出现这一问题的根本原因就是由

于终端在数据采集时，没有保证数据的完整性和有效性。在实践当中，很多数据都是在传输过程中失去其自身的真实性和邮政性，导致最终预估的状态与实际情况严重不符合。如果检修人员直接根据状态预估结果来进行维修和养护的话，不仅达不到检修的根本目的，而且反而会导致设备自身的运行质量有所降低，甚至严重的情况下，会对设备留下其他不同程度的安全隐患问题。对于系统自我估测功能所出现的问题，需要安排专门人员对其进行严格的检测，对系统采集进行人工性的抽查，对一些可疑性比较高的数据进行反复核对，最大限度地保证数据在传输过程中的完整性和准确性。只有这样，在保证其自身科学合理运行的基础上，才能够将对系统采取的运行维护工作作用充分发挥出来，提高电网调度自动化系统的整体运行水平和质量。

综上所述，电力系统在当前的日常运行过程中非常重要，因此，在这种形势下，为了保证电力系统的正常安全稳定运行，要加强对电网调度自动化系统的构建水平以及相对应的运行维护措施。在现有的基础上构建与现代化技术相结合的自动化系统，虽然其自身在运行过程中仍然存在问题，但是在实践当中不断地总结经验，定期对电网调度自动化系统进行运行维护，保证其自身的运行质量和安全性。

第三节　智能电网调度自动化技术

智能电网掀起了电力工业界新一轮革命的浪潮，调度自动化系统作为电网运行控制的基础，在智能电网背景下将向智能化的方向发展。本节分析了智能电网对调度自动化的新要求，并探讨了智能电网调度自动化的关键技术，具有一定的指导意义。

近年来现代化科学技术快速发展，也推动了电力系统的自动化、智能化发展。为了更好地满足市场发展需求，智能电网调度自动化应积极融合自动化技术、智能化技术，实现优化、集成、自愈、兼容等功能。加大对智能电网调度自动化技术的研究，有利于充分发挥调度自动化技术的优势，提高智能电网运行的可靠性、安全性和稳定性。

一、智能电网调度自动化概述

智能电网调度自动化是指综合运用自动化技术、智能技术、传感测量技术和控制技术等，实现电网调度数据、测量、监控的自动化、数字化、集成化，利用网络信息资源共享，确保电网调度系统能够统一运行。与传统电网调度自动化相比，智能电网调度自动化系统将进一步拓展对电网全景信息（指完整的、正确的、具有精确时间断面的、标准化的电力流信息和业务流信息等）的获取能力，以坚强、可靠、通畅的实体电网架构和信息交互平台为基础，以服务生产全过程为需求，整合系统各种实时生产和运营信息，通过加强对电网业务流实时动态的分析、诊断和优化，为电网运行和管理人员提供更为全面、完整和精细的电网运营状态图，并给出相应的辅助决策支持，以及控制实施方案和应对预案，最大限度地实现更为精细、准确、及时、绩优的电网运行和管理。智能电网将进一步优化各级电网控制，构建结构扁平化、功能模块化、系统组态化的柔性体系架构，通过集中与分散相结合，灵活变换网络结构、智能重组系统架构、最佳配置系统效能、优化电网服务质量，实现与传统电网截然不同的电网构成理念和体系。由于智能电网自动化可及时获取完整的输电网信息，因此可极大地优化电网全寿命周期管理的技术体系，承载电网企业社会责任，确保电网实现最优技术经济比、最佳可持续发展、最大经济效益、最优环境保护，从而优化社会能源配置，提高能源综合投资及利用效益。

二、智能电网对调度自动化的新要求

（一）构建统一技术支撑体系

为保证电网安全、稳定和高效地运行，调度中心存在众多的业务需求，这些需求的提出推动了各套独立系统的建设和运行，各项业务系统之间不可避免地存在数据和功能上的交叉。然而，因为缺乏整体规划，在架构灵活性和设计标准化两方面的缺陷，导致快速发展的应用系统间数据共享难、相互影响大、全局安全性和集成能力不足、缺乏可以共享的统一信息编码等诸多运维难题。调度智能化要求构建全网一体化、标准化的技术支撑平台，满足调度各专业横向协同和多级调度纵向贯通的需求。

（二）加强规范化和标准化

标准化建设和运维是系统推广和互动的基础，但目前电网数据和模型都出现了不同的版本。单一数据源和独立模型不能单独满足调度整体业务需求，相互整合存在较高技术难度。调度智能化应用需要得到电网全景信息的支持，包括对数据采集的标准化整合、电网模型和信息编码体系的统一、多级调度主站和厂站的信息融合与业务流转等。

（三）建立业务导向型功能规划

专业职能的划分，将本是相互融合的电网调度业务进行了人为的拆分，导致调度自动化系统业务导向不明确。应用系统由不同专业部门分批建设，缺乏整体规划和统一的基础技术支撑体系。此外，有必要依托全网统一的技术支撑体系，规范各应用系统的接入方式和信息共享模式，实现信息在应用系统间灵活互动，以满足从调度计划、监视预警、校正控制到调度管理的全方位技术支持。

（四）应对智能电网发展新需求

智能发电、输电、配电和用电，以及节能发电调度的推进对电网调度提出了严峻的挑战。配网侧双向潮流管理、电动汽车大规模应用等带来的电网负荷波动特性变化，调度部门负荷预报和实时调控的难度进一步加大。大容量新能源电源并网带来的电源输出不稳定性和不确定性，以及如何利用这些新的负荷点进行削峰填谷，都会给运行方式的安排和执行带来挑战。

四、智能电网调度自动化关键技术

（一）数据服务技术

数据的采集分析处理在智能电网调度自动化系统中发挥着关键的所有作用，电网的所有调度决策都离不开准确的数据分析。智能电网调度自动化技术以 SOA 技术为基础开展数据服务，电网数据的展示及融合主要依靠标准接口及数据注册中心完成。此外，通过全周期的电网设备管理，能够有效地提升电网调度运行过程中数据的准确性，通过虚拟服务技术，屏蔽数据物理的有关信息，极大地方便了无差别访问工作。

（二）应用服务技术

SOA 服务框架在智能电网中发挥了重要的作用，是实现电网调度自动化各运用间封装的重要手段。传统的电网调度系统中存在着许多重复的功能，如今我们可以利用 SOA 服务框架，则能够将这些应用封装起来，然后相互调动，且利用该服务框架可以灵活配置电网调度功能，进而满足电网调度功能的需求。在 SOA 体系之下，利用智能电网调度系统，能够将传统电网调度系统中的阻塞管理、故障分析等模块根据实际的调度需求划分出来，优化电网系统。

（三）电网运行智能决策

近年来，电网建设过程中正在不断地推进电网调控运行一体化，通过建立一个调控一体化的智能运行系统，能够有效地保证大量的分布式能源及清洁能源顺利、稳定地接入电网。同时，保证电力能源远距离输送的安全性、稳定性。基于智能系统的智能应用，可以有效地提高电网运行智能决策水平。利用调控一体化电网运行智能系统总线平台，可以得到电网全景信息，全面分析电网一次设备及二次设备的日常运行状态，以此为基础，构建大电网运行状态下的专家系统，这对于电力调度决策的精益化以及电力系统运行风险的控制工作都有着关键的作用。

（四）智能在线仿真平台

现阶段电网的规模逐渐变得更加复杂，电网运行的方式渐渐趋于多样化，为电网的在线调控及实时仿真分析工作带来了较大的难度，从而使得离线仿真结果的可参考性受到影响，不利于电网调度工作的开展。利用智能电网调度自动化技术，以分布式数据中心为基础，通过各种高科技技术手段，可以实现大电网智能在线仿真计算等功能，还可以利用实时计划编制、在线模型校核等技术手段，有利于电力调度部门实现智能型调度。

打造低碳经济和建设智能电网，为电网的再次腾飞带来动力，同时也给调度自动化带来新的机遇和挑战。智能电网调度自动化应当充分利用先进的 IT 技术和智能化科技，以及最先进的通信技术，将自动化系统的数据在模型结构上统一兼容，实现系统间的双向互动，达到既能分散运行，又能自由组合。在安全性，保密性的基础上实现数据在系统群中的自由定位，使得智能电网能实现信息交互、需求交互，使得社会效益最大化。

第四节　基于智能电网的电力系统自动化技术

电力领域是推动我国经济增长的重要产业，我国科学技术水平的不断提高，使电力领域的技术手段变得越来越先进，并促使电力领域向着自动化、柔性化、智能化的方向发展，形成了以智能电网为主体的电力技术及电力系统，从而为人们的电力需求带来了可靠的技术保障。鉴于此，本节便对基于智能电网的电力技术及电网系统进行深入的研究，以此探讨智能电网发展形势下电力技术及其电力系统在电力领域中所发挥的重要作用。

新时期，智能电网已经成为电力领域重要的发展方向，智能电网的不断发展，也使其在电力领域中的各个环节中实现了智能化。各种智能终端设备的普及程度也日益深入，如智能电表、GIS 移动终端等，这些智能化设备的应用，在很大程度上减少了电力领域对人力资源的投入，使电力信息得以被更好地获取，进而推动了电力领域的发展，使智能电网在电力领域中发挥着越来越重要的作用。

一、智能电网概念分析

随着智能电网建设的不断推进，其对电力技术也有了更高的要求，对电力技术进行改进，将使智能电网的工作环境变得更加快捷、高效，从而使其电力领域中发挥更大的作用。智能电网的出现，使其能够有效解决电力系统中存在的诸多问题，使电力系统的应用变得更加高效的同时，也能确保其安全性，能使电力系统变得更加节能环保，进而有效缓解能源紧缺局面。可以说，智能电网的应用，不仅使电力技术得到了显著提升，也能使我国电力领域的发展与国际电力发展潮流相适应，进而保障电力系统安全、有效的运行，使其能够为人们提供更加优质的服务。

二、基于智能电网的电力技术及电力系统研究

（一）电力能源转换的研究

众所周知，电力是人们日常生产生活必不可少的能源，其在推动我国经济增长中起到至关重要的作用。而智能电网的发展，使电力能源的转换变得更加高效的同时，也进一步节省了能量的损耗，并且使电力能源的转换变得更加环保，从而使电力领域向着低碳能源

的方向发展。在智能电网建设中，电力工程技术水平的不断提高，使能量配比得到了很大程度的优化，以目前电力领域的发展形势来分析，对低碳能源进行更加高效、环保的利用已经成为未来电力领域的必然趋势。而在此过程中，智能电网在其中起到至关重要的作用，对低碳电力能源的利用，从实质上来说便是通过电力工程技术来不断创新电能传输，使电力资源在输送时能够最大限度地降低污染程度，以使我国可持续发展战略在智能电网建设中得到充分体现。

（二）智能化电表的研究

在基于智能电网的电力系统中，人们能够利用计算机来对电表进行测试，测试系统能够对 TCP 通信或串口通信等方式进行选择，以使计算机能够和测试电表相连接，进而实现对电表的有效测试。计算机在测试电表的过程中，往往需要通过多台计算机与多台设备进行同时连接，而电表的测试数量可能多达数十块甚至上百块，这也使电表的测试难度非常大，特别是对超过千块以上的电表测试环境搭建来说，更是难上加难。而智能化电表的出现，使电表成为一种服务终端设备，该电表中有着相应的通信协议，其利用 IEC62056 规则来对信息进行收发与处理。在智能化电表中，应按照客户端的框架进行设计，电表的分层结构是和其他设备相同的，将电表的分层结构和职责链与其内部各个协议层实施串联，并利用 Java 中的 JFace 来绘制智能电表界面，并对相应的参数进行设置，从而完成智能电表整个协议的模拟过程。对电表进行测试的根本目的是为了对不同厂家所提供的电表是否能够满足协议及相关技术规范的要求进行验证，其通过软硬件编码相互结合来使协议帧得以建立和完善，并按照测试标准流程来对各个电表进行逐个发送，然后结合数据结合来判断电表中的协议是否能够满足相关规定。

（三）输电技术研究

现代微电子技术、控制技术和通信技术的快速发展与融合，使其进一步演变出柔性化交流输电技术、柔性化交流输电技术，在清洁能源、新能源的利用与控制方面发挥了重要作用。由于柔性化交流输电技术能够对交流电进行灵活而高效的控制，这也使智能电网的传输性能、可靠性能及灵活性都得到了显著提高。在智能电网建设中，对特高压的输电是非常重要的，而柔性交流输电技术在特高压输电中的应用，使其有效解决了新能源和清洁能源之间的接入与隔离问题。

（四）智能电网测试技术

智能电网测试技术是以 GPS 技术为基础发展出来的，其测试内容主要包括电能显示误差测试、电压跌落测试、485 通信性能测试以及计度装置组合误差测试等。其中，电能显示误差测试是以 PC 作为硬件基础的，其利用 PC 机中的软件来采集电表中的电能数据，同时还能对电表的运行状态进行有效控制。电压跌落测试则要对各个电压线路中的电压参比进行测试，并且电流线路中的电流为基本电流。485 通信性能测试则是利用相应的测试软件，并按照 DL/T645-1997 标准中的相关要求来进行测试，其测试项目共计518项。如时钟同步测试、数据读取测试、设备编程测试、设备数据传输测试、设备实时性测试等，其以 GPS 技术来对 485 通信模块进行通信测试。计度装置组合误差测试则是针对电能显示值和电能测试计算值之间所产生的误差来测试的，在测试过程中，需要确保两者之间的误差尽量控制在 0.1% 左右。此外，电表计数值应至少在 100 千瓦时以上，并且测试电表的连续工作时常应超过 120 小时以上。

总之，推动我国智能电网的发展，不仅能够提高我国电力领域的服务水平，还能使电力领域所带来的社会效益与经济效益得到更大的提升，这对我国经济发展来说是十分重要的。同时，加快电力领域智能电网建设，将有助于资源绿色环保目标的实现，使电力经济成为一种新型的发展形势。电力电子技术的不断发展，使电网的安全与可靠性都得到了很大程度上的保障，提高了可再生能源的利用效率。而从目前我国电力领域智能电网的发展形势来看，我国应对电网电能质量做出进一步的改善，强化节能减排技术在智能电网中的应用，加快电子技术革新速度，以使电力领域得以健康、稳定的发展。

第五节　电力系统中的电力调度自动化
与智能电网的发展

随着计算机网络技术的快速发展，我国电力系统中调度自动化系统应用先进的技术，有效地实现了运行系统的遥调、遥视、遥测、遥信、遥控等基本功能。同时，随着我国电力调度自动化系统逐渐成熟和配套系统逐渐完善，应用一体化技术实现对分布面积较大的电力调度系统的有效地调控，从很大程度上确保了电力调度自动化系统的安全运行。

面对目前电力系统已越来越无法满足社会对电力能源和供电可靠性日益增长的需求的问题，具备着自愈、清洁、经济等优点的智能电网成为电网发展的一个重要趋势。在过去的近一个世纪，电力系统已经发展成为集中发电和远距离输电的大型互联网络系统，由于能源、环境、经济和政治等多方面因素的驱动，未来的几十年内，全世界范围内都将展开一场深刻的电力系统变革，那就是智能电网。我国的智能电网是将先进的传感量测技术、信息通信技术、分析决策技术、自动控制技术和能源电力技术相结合，并于电网基础设施高度集成而形成的新型现代化电网。

一、电力调度自动化系统中存在的不足之处

随着经济与社会的发展，电力行业的工作方式以及人民的生活方式都已经发生了深刻的变化，这些变化与发展对电能计量提出了新的要求。

（1）自动化的平台存在很大的差异由于现阶段我国电力调度自动化系统中有很大的

差异，使得系统平台之间无法实现统一。由于我们在进行电力调度时，是利用计算机进行有效的调度，若调度平台之间存在一定的不同，会造成电力调度出现一定程度的影响。同时，为了确保电力调度系统的稳定性和可靠性，需要在调度系统中应用 risc 结构，但该结构存在一些不足之处，无法实现电力其他方面的调度，无法实现电力自动化系统全方位的调度。

（2）电力调度自动化系统中对集中控制功能不完善。为实现对电力调度的有效调度，需要确保电网模拟和系统中整个数据库保持相同，即需要提高电力调度系统的集中控制力度。然而，现阶段电力调度系统的各项基本功能是在各自独立的基础上完成的，若实现电力调度系统的完善性，还需要实现电力调度系统中数据信息库和电网模拟两者之间保持准确无误。因此，未来在电力调度自动化系统中需要完善集中控制功能。

（3）电力调度系统中电网模拟的多变性在现阶段，随着城镇变电站数量逐渐增多和变电站改扩建规模逐渐加大，这就需要更高要求的电力调度系统，并准确地对数据进行记录分析，确保电力调度系统的正常运行。但是在该过程中，由于环节较多，很容易出现错误，影响整个电力调度系统的正常运行。因此，需要加强对电力调度系统的研究，探索出电网模拟的多边形规律，从而有效地实现电力调度系统的稳定运行，完善电力调度控制系统。

二、一体化技术在电力调度自动化系统中应用重要性

（1）对系统网损进行优化管理在电力调度自动化系统中应用一体化技术，可以有效地实现网损管理中运行自动化和智能化建设，很大程度上提高系统运行的稳定性。同时，网损管理子系统的工作既不会对电力调度自动化系统存在明显的影响，且可以对电力系统运行中的网损进行全面的检测，对检测出的问题可以及时采取有效地解决措施，最大限度地降低网损发生的概率。

（2）负荷管理在电力调度自动化系统中，一体化技术需要根据供电电网的基本特点对电网的工作状态开展全面的监测，并根据监测分析结果对电力调度系统进行全方位的优化，保障电力调度系统的正常运行，有效减少电网运行中发生故障。此外，一体化技术还可以实现对电网系统的运行负荷状态进行管理，实现电力调度自动化的高效性和准确性。

（3）提高办公效率在电力调度自动化系统中应用一体化技术，可以准确地实现调度信息子系统运行智能化和自动化，其可以完善电力调度信息管理系统，收集和分析电力调度信息的基本运行状态，并对电网运行中出现的问题，采取相应的解决措施，从而很大程度上提高电力调度自动化系统的工作效率，减少电力调度系统的失误。

三、一体化技术在电力调度自动化系统中的应用

（1）平台的一体化由于电力调度的工作基础是计算机平台，如果计算机操作系统不同，则会出现电力调度平台之间的差异。研究发现，由于计算机操作系统不同而导致的电力调度工作平台之间的差异，会阻碍电力调度信息之间的传输。因此，需要实现电力调度

平台的一体化，利用中间耦合的方法作为信息传输的桥梁，从而解决计算机操作系统不同而带来电力调度平台之间差异，在一定程度上降低了操作系统和硬件的差异性，解决了电力调度自动化系统的平台一体化建设。

（2）电力调度图模的一体化随着我国电力网络规模逐渐扩大，需要加大对电力调度信息的管理，但是在电力调度模拟过程中，由于环节较多，很容易出现错误，影响整个电力调度系统的正常运行。因此，需要加强对电力调度系统的研究，探索出电网模拟的多边形规律，并建立一个常用的图库模型，实现电力调度系统的高效稳定运行。

（3）电力调度自动化的功能一体化为了促进电力调度系统的发展，需要实现对电力调度信息和图形进行资源共享，从而真正意义上是实现电力调度自动化系统的一体化。但是为了实现功能一体化，需要增设一些中间装置。例如，可以在电力系统中安装节点机，将其安装在电力网络中合理位置，作为电力调度系统中应用模块的基础，为促进电力调度自动化系统的一体化建设做出贡献。

（4）电力控制集中性在目前电力调度系统的各项基本功能是在各自独立的基础上完成的，为了实现电力调度系统的完善性，还需要实现电力调度系统中数据信息库和电网模拟两者之间保持准确无误。为了实现电力调度控制系统的集中性，这就需要对电网模拟系统和电力系统两者之间进行同步化。

在电力网络调度自动化系统中，需要加大对一体化技术的研究，提高一体化技术的可靠性、合理性。并逐渐应用一体化技术，减少在电力调度系统中人员和设备的投入量，给电力工作人员提供更多的电网检测和控制的精力。同时，在一体化技术中还需要加大对资源共享、接口问题、集中控制等方面的研究，以促进电力调度自动化系统的发展。电能质量监控和无功计量的应用，预付费、网上处理电费、接电和断电等电子商务模式在电力生活中的发展，使得传统感应式电能表和管理模式难以满足要求，一个高度智能化、信息化的智能电网的构建已成为电力改革的当务之急。而智能电能计量系统作为智能电网构建的重要组成部分，也将成为电能计量未来发展和改革的趋势。

第六节　农村智能电网电力调度自动化系统的设计

本节对农村智能电网电力调度自动化系统的研究和应用现状进行了分析，结合我国农村电网电力调度发展和应用的实际情况，提出了农村智能电网电力调度自动化系统的设计方案，并对电力调度自动化系统总体设计方案进行了研究。

一、农村电网电力调度自动化系统研究现状及意义

随着我国农村用户对用电量需求的不断增加，农村用户对智能电网电力系统的供电质

量提出了更高的要求。在我国农村智能电网电力基础设施的建设和发展中，智能电网电力系统在运行上对电力调度自动化系统提出了高要求。目前，农村智能电网硬件的应用从专用型转向为通用型，对农村电网电力系统的架构和兼容性等方面都提出了更高的要求。我国农村传统的电力调度自动化系统在系统稳定运行的情况下，可以实现对数据进行分析等基本的操作。

二、电力调度自动化系统设计要求及需求分析

电力调度自动化系统的设计要结合农村经济发展和农业生产的实际情况，保证农村电网电力系统安全可靠的运行。智能电网电力系统很多都是智能化的无人值守状态，为了保证电力系统安全可靠的运行，需要建立专业可靠的通信系统实现数据的监控和传输，保证电网数据在传输和处理过程中的完整性。在电力调度自动化系统中电源的稳定性非常重要，系统的设计要结合变电站的实际运行情况，建立实时监控系统。

三、电力调度自动化系统设计研究

在系统中 SCADA 系统作为子系统，是系统中的功能核心模块，主要功能是实现对电网运行数据信息的采集和处理。在 SCADA 系统中数据采集处理模块负责电网数据的采集和调度，可以完成对不同系统的数据和不同合适的电力数据进行采集，然后对采集到的数据信息进行处理，在对数据采集模块进行设计的时候，要实现对不同格式的数据进行统一的存储和处理，把数据存放入数据库中并供电力调度系统进行使用。

SCADA 子系统的人机界面模块是系统中实现人与机器之间进行交互操作的界面模块，实现了系统的可行性。人机交互界面主要功能是完成电力调度的基本操作，对 SCADA 系统的数据进行绘图处理。通过研究态支持的功能可以在不同的系统下，对设备的运行状态和情况进行模拟调试。人机交互模块还可以实现版本的升级和报警功能，人机交互模块可以对事件进行分类和分级处理，对消极事件实现过滤功能。SCADA 系统中的 SCADA 服务器、GIS 系统和 DAS 工作站一体化模块，可以有效地对系统数据进行采集处理和调度，是系统实现电力调度和监测的基础。WEB 服务器模块是实现系统数据的存储和显示，电力调度工作人员可以通过人机交互模块读取 WEB 服务器模块中的数据信息，完成对电网的调度。DAS 配电网软件功能是负责对配电网的运行状态就那些实时监测，对电网的运行状态进行评估并制定最佳的运行方案。DAS 配电网软件中包括很多不同功能的模块，可以在电力调度系统控制下，实现动态方式运行。GIS 配电网系统功能主要是对电网中电力设备和电路等的地理位置信息进行获取和处理，为电力调度系统提供设备位置信息和接口查询等基本功能。

GIS 系统是一种可以自主的建立 GIS 平台的技术，GIS 系统可以提高空间数据的存储速度，实现对数据等实时信息的异构。GIS 系统通过高速缓存功能，把图形数据等实时信

息进行融合之后就可以对数据库进行直接访问，使得系统的工作效率大大提高了。GIS 系统可以实现数据信息的完整性，并且实现对数据高效的查询显示。

在 GIS 系统中，对数据维护方便，在地理全图上对电力设施进行一次维护工作就可以，在对设备维修的时候可以采用对设备和线路进行映射的模式进行维护工作。GIS 系统是基于 WEB 进行该业务管理的，系统具有独特的 WEB 系统管理界面，实现了业务网络化和自动化。GIS 系统在运行的时候具有很强的自定义功能，系统具有自定义表单和自定义查询等功能，可以很有效地解决 GIS 子系统在运行的过程中面对的各种变化和情况。

第七节　对智能电网系统及其信息自动化技术分析

社会的发展离不开科技的进步，同时我们处于信息时代，因此智能电网系统、信息自动化已成为电力系统发展的必然趋势。本节以智能电网系统为主题，兼顾信息自动化的要求，阐述智能电网系统的运行方式及其与信息自动化技术的联系，探讨信息自动化技术在智能电网系统中的应用，为相关从业人员提供借鉴。

信息时代的到来为人们带来了诸多机遇，现如今信息时代正处于高速发展中，因此它对相关产业的推动作用不言而喻，信息自动化技术正是其中一个代表性的技术。信息自动化是一门新兴技术，短时间内就在信息领域显示出了其重要地位，这正是由于它与人们的生产、生活、工作及学习等有着密不可分的联系，对电力系统运行更是影响巨大，因此研究、优化信息自动化技术并将其运用于是智能电网系统中是十分必要的。信息自动化技术有着诸多优点，这些优点都促使它成为新兴领域的佼佼者，但是社会的进步与发展促使信息自动化技术不仅局限于此，而是向着更高的要求先进。随着生活水平的提高，人们对与生活息息相关的各方面都做出了新的要求，这些要求也推动着智能电网系统的进步，智能这一概念正在逐步深入人心。

一、信息自动化技术在智能电网当中的应用

（一）通信技术的应用

现如今人们的生活水平有所提升，对于电力的需求也在逐渐上升，人们与电能之间已经建立起了密不可分的联系，由此可见电力系统的发展势头正劲。现如今，应用通信技术已经成了电力系统发展的一个重要方向。通信技术是信息自动化技术不可或缺的一个组成部分，我国信息自动化技术的快速发展在某种意义上也促进了通信工程的进步，它的正常运行十分重要，不仅能为人们的生活提供便利，使人们更高效地进行学习、工作以及生活，还能节约国家电网的经济成本等。

实际上，通信技术在电力系统中的应用主要可以划分为两个方面：第一，实现电网系统自我检测。电力系统的组成较为复杂，一旦任何部分出现问题都会对整个系统的正常运

行造成严重的不良影响，此时通信技术就显现出了其独有的优势。通信技术的使用不仅能使电力系统的通讯保持顺畅，还能使潜在的故障被检测出来。除此之外，通信技术与自动化技术进行有效结合还能使电网系统更为智能，可对某些故障实施排除，大大降低了工作人员的工作难度。第二，提高电网系统防御能力。以往的电网系统对于各方面要求相对较为严格，周围环境的任何波动都可能造成电网不能正常运行。在引入通信技术后，这一问题得到了缓解，通信技术较为敏锐，能够察觉外界因素的波动并进行补偿，从而使电网系统受到的干扰减少，大大提高了电网系统抵御外界环境变化的能力。我们可以通过具体例子对通信技术的运行情况进行了解：电网线路是电网系统中较易受外界影响的一个方面，如果它的功率改变，则通信技术能够自动检测出该异常情况并对功率进行补偿，从而实现自动化的功率补偿，通过自动、智能的分配电能，降低电网的抗干扰能力。

（二）自动化设施设备在智能电网中的应用

智能电网伴随着光电技术以及信息自动化技术等相关技术的不断发展创新，基于嵌入式的微处理器自动化设施设备不仅可以有效实现电网能源传输阻塞、各区域用电情况实时监测与控制等，还能够满足数字信号以及电流、电压等数据的自动化采集和相互传输，从而提升智能电网的自动化运行、调度呈现更高效率。除此之外，自动化设施设备还能够实现自动化的电费计量，并通过上述的通信技术将电费计量传输到信息储存中心，通过信息储存中心计算每家每户的实际电费，从而实现自动化集中管理。

（三）自动化控制技术在智能电网中的应用

自动化控制技术是整个信息自动化技术当中的重点，同样也是智能电网实现自动化控制、电能调节的重要依据。借助自动化技术以及通信系统，不仅能够在实现智能电网信息数据自动化检测，调节电网工作情况和控制电网的同时，还能够在第一时间发生系统故障的类型、位置并分析相应的解决措施，并判别解决措施是否能够通过非人为操作而实现，如果能，则自动进行处理，如果不能，则报警，通知操作人员进行维修。在自动化控制系统当中，一般情况所使用的方式都是专家决策法，系统借助对电网常规参数的比对进行，假设某个或者某系列参数发生异常时，自动化控制便会向控制设备发送相应的控制指令，从而实现自动化调节，实行自动调控。

二、信息自动化技术在智能电网中的发展趋势

（一）信息自动化强化智能电网的设备监控

在智能电网设备工作状态的检测当中，基于标准化的电网模型以及实施工作情况的数据，能够对电网、电网设备以及变电站等当前的工作情况进行实时的检测、故障诊断以及风险评估和调控等。电力设备与电网在未来的发展趋势，必须是针对各类供电设备工作状

态而进行优化，以及时记录设备工作状态、预测故障的发生以及预处理等为主要发展趋势。

在同一公共信息模型以及公共信息模型的基础之上，拓展供电设备的工作状态信息，并以子集构建信息提取、分析，从而为变电设备的工作状态信息收集、统一性管理以及访问处理等提供支持。

（二）自动化变电控制系统

自动化变电控制系统主要以构建整个控制中心的单元智能化为基础，在通信网络的基础之上，组建一个两次甚至多次控制的自动化整体系统。其至少需要具备以下几项功能：

1. 各个保护、控制功能相对独立、完整，能够通过智能化手段进行独立控制；2. 控制系统的功能可靠并且完整，操作人员的可操作项目多，可操作性强，通过计算机集成所有的控制措施；3. 具备可以为智能电网提供及时监测数据并可靠传输的 SCADA 系统等功能。

伴随着微计算机、集成电路、通信以及信息网络等高科技技术的持续发展创新，微机监控装置以及维护保护在智能电网当中的应用必然会越发普及，传统的单项式自动化控制也会逐渐变为综合性的自动化控制。在每个单项控制项目中，其整体的结构体系在不变化的前提下，功能、性能以及工作可靠性必然也能够不断提升。在目前的"变电站自动化控制系统"当中，以信息交叉、信息挖掘为根本，将微机监控、微机保护等作为现代化通信技术、智能电网的一体化综合功能，从而使智能电网具备实时监测、预防故障等处理功能。

综上所述，想要促使智能电网系统的信息自动化技术得以长期、不断地发展，必须要强化相关技术的研发力度，实行标准化、统一化的运行、管理标准和制度，重视相关从业人员的技术培养，从而积极推动我国智能电网系统的信息自动化技术不断创新、改革、发展。

第八节　高压智能电器配电网自动化系统浅析

随着电力科技的飞速发展，高压智能电器在工业生产、日常生活等方面有了诸多应用。本节介绍了智能化电气与控制的意义，较为深入的分析了高压智能电器配电网络保护自动化系统的基本构成及相关原理，为高压智能电器配电网自动化系统建设提供了依据。

随着电力科技的飞速发展，高压智能电器在工业生产、日常生活等方面有了诸多应用。伴随着高压电器智能化，配电网的保护自动化受到了电力工程行业的高度重视，发展可谓日新月异。通过在微型电子技术、计算机技术、通信技术、机电一体化高压设备的促进下，配电网络保护自动化技术更是降低设备间的相互作用，保证供电连续性及可靠性的关键技术。

一、智能化电器与控制

现今，具有在线检测和自诊断功能的电器与开关柜大批涌现，而电气领域的智能控制旨在高层控制，也就是组织控制，即对实际过程或环境进行规划与决策。这些问题解答过程类似于人脑思维具有"智能性"，运用到了符号信息处理技术、启发式的程序设计技术以及与自动推理决策的技术。高压智能电器是配电自动化系统中是一个重要组成单元，动作要适应总体规划，通过多元结构解析与上级通讯。因而，人们常这样理解智能电器：采用智能控制方式、依照外界特定的要求及信号便可自动实现电路的短通、电路参数的转变，从而达到对电路的检测、转化、维护等的电器类设备。

二、配电网自动化系统的基本构成

（一）中心主站系统

中心主站系统管理配电调度各个子站系统，是整个配电自动化系统的核心，具备三大功能。（1）SCADA（数据采集与监视控制）功能：信息处理、配电事故顺序记录处理、配电事故追忆、配电事件处理、相关数据标识、各种表格打印、程序运行控制等；（2）DA（配电自动化）功能：自动故障诊断、对故障进行隔离、对故障线路进行重构等；（3）DMS（配电管理系统）功能：网络数据分析、潮流计算、对网络进行重组、负荷管理、电压与无功优化以及安全性与可靠性分析等。配电调度主站系统大多使用通用性极强的商用数据库、分布式的环境网络支撑软件、客户/服务器计算模拟技术，中间环节相关数据的交流与互换通过总线进行，提供开放式程序接口和数据库接口，能够和管理信息系统（MIS）、调度自动化系统连接，从而实现数据共享，同时也能和地理信息系统进行结合，为配网设备管理开辟了新天地。

（二）中间子站系统

中间子站系统即变电站子站系统，它的软件平台一般由实时与多任务操作系统组成。要求实时性良好、可靠性较高、能够远程维护以及便于扩展。子站系统完成最基本的数据采集与监视控制功能的同时，还需具备以下功能：故障检测、定位、隔离及系统恢复。配电网中监控设备面域广地点多，把全部终端设备直接与主站连接很难实现，这就需要站端系统划分级层，在主站与设备之间要增设中间配电子站系统，借此管理线路上相关监控单元，从而实现数据集中的功能，完成任务的上传下达，最终达到故障就地隔离、定位以及恢复的功能。调度主站的配电管理系统（DMS）分析软件可以有效地避免负荷盲目转移。

（三）终端装置系统

配电房终端装置系统要求具备以下特点：（1）遥测、遥信、遥控作用；（2）自检、校验作用；（3）能够模块化设计，且可以自由组合；（4）体积小、防尘、防潮、抗干扰、可靠性较高；（5）接口灵活，能支持各种通信模式；（6）界面操作直观，维护方便；（7）备用电源高温下具备稳定性。终端装置系统不仅要求对馈线终端设备（FTU）及一次设备实用、灵活、可靠，同时对配电房开关要求功耗低、可靠性高，通过光纤互感器检测出线路上的故障。备录波功能可以安全准确地反馈故障点，为配电系统建立数据源，同时也为检修人员提供数据材料，从而保证了检修率。

工业发展和城市建设离不开电力事业的强有力支持，社会发展对电力需求不断增长，这进一步壮大了高压智能电器配电网络，配电网络自动化系统结构日趋复杂，电压质量要求越来越高，电力管理系统商品化市场化程度越来越高，供电企业面临挑战，供电技术面临革新。所以我们必须认真的规划高压电器配电网络，不断提高配电系统自动化，不断完善配电网架结构，采用先进的技术建立高水平的配网自动化系统。

第七章 电力系统自动化与智能电网实践应用

第一节 电力系统配电网自动化的应用现状及展望

配电网的自动化发展，综合了现代化的通信技术、网络技术、电子技术、智能技术以及图形技术等，从而实现了对电力系统配电网日常运行的监测、控制和保护等环节的自动化、智能化等。本节结合实际案例，就电力系统配电网自动化的应用，及其未来发展进行了探讨，以供参考。

电力系统配电网的自动化应用对于电力的分配与合理应用而言具有重要意义。通过自动化技术的应用，能够有力提高电网供电效率、电力质量等，从而缓解电网压力，释放电网潜能，增强电网的服务能力。做到自动化帮助电网实现自我检查，提高电网安全性、稳定性，对于现代化社会来说具有重大意义。

一、电力系统配电网自动化的内涵和功能

（一）配电网自动化的内涵

电力系统配电网的自动化，是将计算机网络技术和电子通信等技术加以综合性的应用。通过这些技术的应用对配电网的运行状态以及事故进行监护和保护等，主要是对配电网系统正常化运行的保障。以往在配电网的管理和故障维修过程中，需要投入大量的人力、财力、物力，并且在效率上也比较低。但是在自动化的配电网作用下，就能对故障进行自动监测，管理的效率也有着大幅度提升，这样对整体的电力系统发展有着促进意义。

（二）配电网自动化模式方案

（1）变电站主断路器与馈线短路器相配合自动化。也就是说将变电站的出线保护开关与馈线开关相结合，形成一个环形的电网模式，进而最大程度的提高配电网中对线路开关、通信开关的自动操作能力与遥控操作能力。

（2）自动重合器自动化。该方案是将两个电源相连的电网分为多个部分，并将重合器安装在每个部分的两侧，一旦发生电力故障，那两端的重合器就能被及时分断，进而隔离故障，减少故障扩散，同时降低因电力故障所导致的经济损害。每段事故均由自动重合

分段器依据关合的故障时间进行判断。因此，在整个自动化重合器方案时间的设计上，都需要确保变电站内的断路器可以先行跳开，最后对站内的断路器进行重合，保证电源侧向负荷的侧送电。当故障点再次合上时，站内的断路器会再次跳开，同时位于故障点两侧的线路断路器也会将故障段的锁定断开，从而实现送电。

（3）馈线自动化方案。在该项自动化方案的实施中，主要采取的是就地控制与远程控制相结合的模式，也就是说将馈线上自动终端所采集的全部信息，在电力系统中通过特殊的通信渠道，向电网主站进行传输，而电网主站则对终端所收集的信息数据进行分门别类的分析、判断，一旦发生电力故障也好及时切断故障，以保证电力系统中非电力故障段得以安全、稳定的可持续供电。

二、配电网自动化

（一）实现技术

1.面向对象的设计技术

配电网电力的输送网络包括变电站、馈线、开关或变压器、负荷分配等环节。配电网中的每个馈线都是一个变电站，从而成为一个管理节点，并由联系人管理节点。通常情况下，每个变电站的节点不能通信，因为只有节点属于相同的馈线才需要进行通信。然而，当网络重构时，当节点需要与网络中的节点进行通信时，就需要通知节点。在允许的接触节点进行通信时，不同变电站的节点可以与节点进行通信。网络管理节点是馈线的第一个子站，该技术是面向对象设计，有利于网络的不断扩展。

2.节点全网漫游技术

从理论上说，网络中的每个节点都有可能与网络中的其他节点进行通信。在自动分配系统中，每个节点对应于馈线的管理节点，以及与管理节点的通信。如果某一节点不能够与其管理节点进行通信，网络会自动校验节点，如果节点被发现为丢失状态，该系统将改变继电器，这时由管理节点搜索。当管理节点无法搜索节点时，会向网络中的联系人节点报告，即完成漫游请求。该漫游请求将被报告给变电站侧的通信管理节点，从而管理节点重新注册一个新的节点漫游，成功注册后会发送到配送中心，由配送中心通知相关的变电站，从而实现全网节点的漫游。

3.自动设置中继技术

在软件设计中，对于 NDLC 中继节点所设置的转发、接收信息功能等模块，可以将其作为一般结点，同时又能够实现信息的转发与接收。在设计的过程中，针对 NDLC 中继节点，可采用数字信号的方式，使信号通过网络实现无失真传输，由于信息传输频率偏低，因而不会给网上通信造成太大压力。若网络中任何一个节点能够实现通信，则网络中的节点就可以互相通信，运用自动中继技术解决通信距离的问题。

（二）配电网自动化发展应用前景

1.配电网系统保护

配电网系统保护工作是配电网自动化得以发展的基础性条件。现阶段，配电网主要是将地理信息系统看作是工作平台，而将通信看作是自动化的前提，以此实现配电网的有效控制以及相应的采集。现如今，我国的配电网中的多个设备基本上已经实现了一体化，而一体化技术的融入对配电网系统保护提出了更高的要求。

2.提高电能质量

现阶段，工作人员通常会选择应用高速数字信号处理器来提高电能质量。虽然提高电能质量的方法有很多种，但是该此种方法不仅具有灵活性，还具有非常好的稳定性，可以保证电能安全可靠的进行运输。

3.分布式电流接地保护

现阶段，此种保护方式已经得到了大规范应用，而且应用效果非常好，业界人士非常看好此种保护方式。小电流接地保护问题一直都困扰着工作人员，但是利用分布式电流接地保护方式，借助馈线远方终端就能够解决问题。另外，馈线远方终端的有效应用，还能够解决电流分布的问题，以此提高配电网的运行效率。如果应用的是小波分析技术或者是应用负序电流突变量，则分布式电流接地保护方式还能够提高对突变量的灵敏性。

三、该市城区配电网结构现状

（一）该市市总体规划情况

某市配电网正处在高速发展时期，配电网设备数量同步大幅度增加，为了对该市配电网的供电及发展规模、电源规模、线路及开关设备规模、配电网网架结构及开关设备配置情况等方面进行改善，采取了电力系统配电网自动化的设计与应用。

（二）配电网自动化方案设计

1.配电自动化系统总体结构

由于该配电网的网络结构较为复杂，点多面广，因此对于设备、信息方面的组织，需要依据其实际情况，采用相应的组织结构，对配电自动化系统采用分层的处理模式，将其划分为三层结构：主站层、子站层与终端层。

第一层：配电主站层，对于 10kV 及以下的线路、设备与用户的日常配电运行，采取监控与配电运行管理措施。

第二层：配电子站层，采集并处理 10kV 馈线下的终端装置相关信息，并将该信息上送至主站系统；将来自主站层的控制与调度命令，下达给配电终端。

第三层：配电终端，其中设置的架空线 FTU 主要作用在于负责采集 10kV 线路、分段开关、联络开关等方面的数据信息，进行状态监测、控制以及故障的判断处理。

2. 通信方案

通讯采用的是无源 EPON 通讯方式，根据配电线路的具体走向，基本上采用"手拉手"的保护组网方式，其中还包含单链型。典型的"手拉手"结构为两点接入式，OLT 1、OLT 2 则分别安装于不同的 110kV/35kV 变电站中，ONU 设备则安装于箱变 / 电缆的分接箱处，在光缆发生中断，或 OLT 设备失效的状况下，能够实现有效的保护，并由 ONU 设备将其选择接入不同的 OLT。

3. 配网主站系统方案

从整体上实现配电网的监视与控制，并分析该配电网的实际运行状态，及时协调配电子网之间的关系，进而对整个配电网络的运行采取有效的管理措施，使整个配电系统能够处于最优的运行状态。对于远方配电设备（FTU）则需要采取及时准确的分析与判断，以便及时隔离故障，并提出正确有效的停电恢复对策，从而帮助调度员以准确确定故障所处的位置，尽可能恢复非故障区域的供电，将故障损失降至最低。配电主站系统结构采用的是双网分布式，以 Unix，Linux，Windows 等硬件平台的分布式结构作为基础，由 17 台服务器、工作站及配套设备共同构成，遵循 CIM 标准，建立统一的电网模型，最终实现调配 SCADA，FA，AM/FM/GIS 等多项应用功能。

对于当前我国电力系统配电网自动化的发展，要从多方面进行目标的制定，将自动化发展目标分阶段地实现。当前的发展阶段，加强对电力系统的配电网自动化发展，是时代发展的需求，也是未来的发展趋势。通过此次对电力系统配电网的自动化功能以及现状的分析，希望对这一理论有进一步的认识。

第二节　电力系统自动化与智能电网的应用

在全面建设小康社会的大背景下，我国的经济取得了飞速的发展，市场化建设不断成熟，城市化建设不断完善。这些进展都离不开电力网络的支持，我国的电力系统，也随着社会经济的进展同步发展和提高。在科学技术不断进步，互联网技术广泛使用的今天，智能电网这一概念也被提出，并成了电网系统建设的一个方向。本节主要论述了电力系统自动化与智能电网的相关问题。

随着城市化建设的不断完善，工业化进程的快速发展，这些都对我国的电力系统提出了更高的要求，既产生了巨大的电力消耗，也对供电的稳定性提出了一定的要求。随着自动化技术的飞速发展，将自动化技术本身的优越性，应用于电网系统的建设当中，结合当今比较成熟的互联网技术，提出了建设智能电网的概念。将电力系统自动化技术，应用于智能电网之中，既能有效减少人力成本的投入，也能良好的监控电力供应系统的稳定性，确保整个供电系统的高效稳定。

一、电力系统自动化的相关介绍

电力系统本身是一个复杂庞大的系统，他本身涉及多个组成部分，同时分布地域辽阔。它的功能是将自然界的一次能源通过发电动力装置转化成电能，再经输电、变电和配电将电能供应到各用户。而电力系统自动化是我们电力系统一直以来力求的发展方向，在智能电网建设的过程中，电力系统自动化主要设涉及电网的配电环节。通过将自动化技术与现在科技中的智能化技术做出有效的结合，通过电力系统自身，对电力系统运行状况做出实时监测，并报告相关数据和问题，根据系统自身的智能判断，最终做出有效的配电决策。

二、智能电网的相关介绍

（一）智能电网的基础概念

智能电网就是电网的智能化，它是建立在集成的、高速双向通信网络的基础上，通过先进的传感和测量技术、先进的设备技术、先进的控制方法以及先进的决策支持系统技术的应用。智能电网的建设是为了使电网的使用更加高效稳定、安全经济。智能电网自身具有电力流、信息流和业务流高度融合的显著特点，同时与现有电网相比具有其自身的先进性和优越性，主要包括以下内容。第一、既能抵御干扰和攻击，也能适应不同能源的接入，如可再生能源；第二、结合信息技术、传感器技术和自动控制技术，并应用于电网基础设施之中，能够有效监控电网运行情况，可以及时的发现问题并预见故障，此外对于一些故障和问题，具有自我决策，自我恢复的能力；第三、通过运用通信、信息和现代管理技术等技术，使电网设备的使用效率提高，电脑损耗降低；第四、实现实时和非实时信息的高度集成、共享与利用，为运行管理展示全面、完整和精细的电网运营状态图，同时能够提供相应的辅助决策支持、控制实施方案和应对预案。智能电网的建设，主要有以下几个方面的价值，第一、它能提供一个坚强可靠的电力系统网络架构；第二、它能提高提高电网运行和输送效率，降低运营成本；第三、电网、电源和用户的信息透明共享；第四、网运行方式的灵活调整，友好兼容各类电源和用户的接入与退出。

（二）智能电网的建设

在智能电网建设的过程中，将自动化系统应用于其中，这样的先进技术相结合使用能够使电网输配技术在一定程度上得到加强，使电网输配的过程更加的稳定高效。因而在智能电网建设的过程中，也需要遵循一定的建设原则，以确保能够顺利地对电力资源进行输配，主要需遵守以下几条。第一、确保通信系统畅通使用，为自动化技术的顺利使用提供基本保障；第二、对主电站的控制系统和管理系统，进行合理的配置，对输电所使用的网架强度进行明确的标准规定，使网架设备在使用的过程中安全可靠；第三、在进行建设过程中，应遵循统一调配的原则，整个电网建设涉及区域广泛，内容复杂，结合智能化与自动化技术的过程中，要有效解决其存在的问题，并对系统进行不断的优化与维护，以确保智能电网建设和使用安全稳定。

在智能电网进行建设的过程中，还应主动借鉴和学习发达国家先进的技术和经验，因为无论是自动化的技术，还是智能化的技术，我国都与发达国家存在一定的距离。因此，积极学习发达国家的先进技术经验，成功有效保障建设工作的顺利和质量。智能电网的概念，本身就是发达国家提出的，在建设的过程中，我们既要参考发达国家的优势，也应考虑自身的实际情况，对实际问题做出合理的应对。智能电网建设核心，便是为了满足日益提高的电能需求。因此，在建设的过程中，既要保证用户的不用电不受影响，也要不断提高自身的供电能力，同时保障供电系统供电的安全稳定。

三、电力系统自动化与智能电网

（一）应用现状

在整个电力系统自动化建设的过程中，智能电网是其中的基础部分，也是重要组成过程。由于经验或是对于技术成熟使用的自身限制，在智能电网建设过程中，可能存在设计过程不严谨，或缺乏整体性设计的情况，由于存在这样的情况，就使得智能电网在实际的使用过程中，存在许多不同的问题。甚至在电网实际运行的过程中，不能将这些问题进行及时的解决，这时就会严重影响人们的正常生活、工作和学习，使电力系统的发展受到巨大的影响。

智能电网的建设是为了面对广大的用户，但在实际的建设和使用过程中，由于资源和条件的限制，仍存在智能电网分布不均匀衡的情况，城市化与工业化发展的速度和自身条件，都会对就用电网的健身产生相关影响，因为不同企业地区的差异性，智能电网的建设只能逐步推广，最终才能达成全面建设的目标。

（二）应用分析

在电力系统自动化技术与智能电网不断建设推广的过程中。应发挥其自身优势，一方面保障用户的用电使用体验稳定高效；另一方面提高企业自身的供电能力、保障企业的供电质量，使企业的效益能够有效提供。以下主要分析几方面的应用，第一、在建设中推广和使用智能电网技术、自动化技术，能够有效提高电能的使用效率，减少电路输送过程中电能的损耗问题，通过相关技术的使用，电能的运输质量能够得到有效提高，电网的运行状况稳定性也会加强，智能电网在使用时，能够主动收集相关数据，对异常情况进行监控和调度，在没有人为干预时，也能有效保证电网运输的稳定性，同时调整自身的供电参数保障供电效率。第二、智能电网以及自动化技术的参与，既能使整个供电过程减少人为干预，同时由于大数据及智能化背后的支持，对于电网出现波动和异常情况，能够做出有效的反馈，自身记录并上报系统，既减少了供电过程中出现的安全和稳定问题，也减少了人力成本的投入。第三、智能电网与自动化技术，能够有效减少管理投入。智能电网不仅能够有效避免电路波动，确保电路的稳定性。同时，其收集的自身运行状况的数据，既能够为电路供应提供良好的保障，也能监控整个电力系统的实时状况，并对异常设备做出及时的记录，并向控制中心发出警告，从而进行人工维修或替换。

社会经济的飞速发展，离不开电力的稳定供应。电力企业自身的发展，离不开自身电力系统的建设，电力系统进行自动化建设，同时应用智能电网技术，电力系统通过进行自动化，结合智能电网的智能化监控运行，不仅能够保证电力供应的稳定，安全和高效，还能够减少企业相关的成本投入，促进企业自身的良性发展。

第三节　电网计量自动化系统的建设与应用

随着我国电网规模的不断扩大，用户的数量也逐渐增多，在传统的通信技术下，由于各系统之间数据的独立，导致信息不能实现共享。伴随软件技术和通信技术的不断推陈出新，使得电网自动化系统的建设逐渐变成现实，实现电网的自动化、智能化是大数据时代下的基本要求。电网计量自动化系统的应用，为电力市场的不断拓展做出了巨大贡献。本节就针对电网计量自动化系统的建设与应用进行了探讨和研究。

按照统一的电网计量自动化系统建设原则，东莞供电局对现有的配电计量子系统、负荷管理子系统等进行了系统性的整合。各类自动化管理的终端都进行统一设计，对数据的管理遵循统一搜集、统一储存和统一分析的方法，进而建立电网计量自动化系统。该系统具有十分强大的功能，其在信息采集、在线监控等领域的应用大幅提升了企业管理决策的准确性和及时性，促进了企业的长远发展。

一、电网计量自动化系统的建设

（一）系统总体设计

电网计量自动化系统的建设，是一项专业要求较高的工作，该系统的主要功能是对厂站、配网等方面的业务进行统一监测，并实时收集有关电能传输及使用的数据。其数据量之广，几乎涵盖从营销系统到档案资料的各类数据信息，计量自动化系统采集的原始数据可通过 CDMA/GPRS 等网络获取，每天采集的数据量大多以 TB 为单位进行存储，每次采集间隔的时间大约为 15 分钟。为了确保系统的整体性能，杜绝系统在运行过程中出现服务中止现象，在对其总体结构进行设计时，一般采用 J2EE 技术。

1.硬件系统的设计

计量自动化系统的硬件结构主要由 DS4800 磁盘阵列和2台 IBM P6 550 主服务器组成，为了确保系统运行的稳定性，数据库系统和操作系统都利用比较成熟的平台。数据库系统主要采用的是 Sybase15.0 数据库，操作系统大多采用的是 IBMAIX 系统，分布式应用软件是系统平台的支撑环境。该系统的业务平台主要采用的是三层体系结构，WEB 服务器中只包含1台服务器，前置服务器由2台负控采集、3台终端采集、2台变电站采集和1台配变终端采集组成，系统网络通过交换机形成千兆的以太网，这就保证了计量自动化系统的稳定速度，进而达到运行要求。

2.数据库软件的选择

对于电网计量自动化系统来说，数据信息的实时性非常重要，只有确保信息的实时性，才能对采集的数据进行精确的后期处理。在选择数据库软件的时候，应遵循负载均衡的设计原则，采用2台具有对外服务功能的 Sybase15.0 数据库进行搭建。

（二）计量自动化系统的组成

计量自动化系统主要可分为三个部分、四个系统，其中，三个部分指的是通信信道、计量自动化终端和主站，四个系统指的是大客户负荷管理系统、电能计量遥测系统、集抄系统和配变计量监测系统。自动化系统的总体结构，综合了现代化技术的各项功能，包括电子信息技术功能、计算机功能和多媒体网络通信功能等，这就解决了传统系统在远程抄表方面遇到的问题。在发电、供电、配电的整个过程中，电网计量自动化系统的应用，基本上实现了变电站对用户的数据监测和采集的作用。以下是对计量自动化系统三个组成部分的具体介绍：

1.通信信道

通信信道是电网计量自动化系统的重要组成部分，比较常见的通信信道主要包括 GPRS、调度数据网、电话拨号等。通过这些通信信道，可以实现主站和终端之间数据信息的交互。

2.计量自动化终端

计量自动化终端的类型多种多样，根据其应用场所的不同，主要可将其分为负荷管理终端、电能采集终端、配电监测终端和低压集抄终端等基本类型。电网的计量自动化终端，主要功能是对所有计量点的信息管理、传输和执行。

3.主站

主站是计量自动化系统的核心部分，它主要由通信设备和计算机系统构成，利用通信信道，例如，GPRS、调度数据网等，可对所需信息进行采集、分析。通信网络设备主要包括接口服务器、数据库服务器、交换机、防火墙等，计算机系统则主要由系统软件、应用软件、平台软件等构成。

（三）计量自动化系统性能要求

1.安全性

安全建设是电网计量自动化系统建设的重要环节，基于系统的开放性特点，在进行安全设计的时候必须做到全方位、多层次，充分实现数据库、应用系统以及各终端的安全目标，对于各类机密数据信息，应确保不被非法用户窃取。

2.可扩展性

计量自动化系统的可扩展性功能主要体现在以下几个方面：第一是数据库的扩展性，由于数据量呈现出不断增加的趋势，因此数据库必须具备一定的扩展功能，这样才能为系统运行过程中数据量的扩展做准备。第二是硬件资源的扩展性，系统的各种硬件设备必须在容量、处理能力方面具备相应的扩展能力。第三是应用功能的扩展，应确保系统能在不改变原有架构的条件下实现应用功能的扩充。

二、电网计量自动化系统的应用

（一）在客户服务工作领域的应用

近几年，伴随电力科技的迅猛发展，我国各地区的电网结构都得到进一步完善，但仍有部分地区存在局部网架结构不合理的问题，这对电力设备的正常运行造成了一定程度的影响，导致电力设备运行效率大幅下降，电力供求之间的矛盾日益突出。在电网计量自动化系统应用之后，能够满足较大的电力需求，并对用电信息进行实时监控，使工作效率得到有效提升。同时，运用电量自动化系统能够实现供电管理系统和终端之间的相互连接，对限电用户的相关信息进行实时记录，进而确保供电的可靠性。

（二）计量管理和用电检查的应用

电网计量自动化系统在计量管理和用电检查方面的应用发挥着重要作用。在计量管理方面，计量自动化系统主要用于对故障的处理，首先分析采集的历史数据，找出导致故障的原因，为故障的解决提供相应的现实依据，进而降低用户和供电企业之间出现矛盾的概率，确保企业的经济效益。在用电检查方面，计量自动化系统的应用，能有效查处违规用电的行为，从而保障我国国有资产的安全。同时，该系统还能通过远程在线监测系统对一些专项用电进行监察，及时发现用电过程中的不合法、不合规问题，这样既能避免工作人员赶到现场而浪费不必要的时间和金钱，起到节约成本的作用，同时还能对重点监察地段进行准确定位，避免工作的盲目性，进而促进工作质量的提升。

（三）电能监控和负荷控制的应用

自 2004 年起，东莞市的年供电量已经超过 100 亿千瓦时。2012 年，东莞电网基本实现了三个超越：第一，客户数量超过 100 万户，高达 105 万户；第二，供电量超过 200 亿千瓦时，高达 203.6 千瓦时；第三，最高日负荷超过 400 万千瓦，高达 402 千瓦。而且，供电量和最高日负荷在 2012 年之后，依然保持上升的趋势。由于较高的供电量和负荷，电网在运行过程中出现故障的概率也会增大，而电量自动化系统在电能监控和负荷控制方面的应用，能全方位监控电量的变化，并采集相关的数据信息。通过远程控制的技术方法，系统能自动下发限电控制命令到控制终端，从而达到降低用电负荷的目的，维护电网的健康有序运行。

总而言之，电网计量自动化系统的建设是一项专业性、系统性的工作。在建设过程中，必须对系统的总体结构进行科学设计，包括硬件设计和数据库软件的选择等。同时，还应考虑到系统的性能要求，保证系统的安全性和可扩展性。因此，只有建立一个科学实用的电网计量自动化系统，才能确保其实际应用效果，进而促进电网企业的可持续发展。

第四节 智能电网对低碳电力系统的支撑作用

智能电网是数字自动化电网中非常重要的一种形式，在实际运行的过程中，可以对不同的电网用户端以及电网的运行状态进行全面的控制。文章针对智能电网的优势和特点，对智能电网在低碳电力系统的支撑作用进行了分析，希望对我国电力行业的发展起到一定的帮助。

电能不管是在人们的日常生活，还是在行业发展的过程中，都起到了非常重要的作用和意义。我国电力发电的过程中，主要是以煤炭资源作为发电的依托，但是，在煤炭资源燃烧的过程中，会产生大量的二氧化碳，对空气的环境和质量造成严重的影响。因此，在这样的情况下，电力行业要充分利用先进节能技术，对电力发电的过程进行全面的控制，然而低碳电力系统的出现正好解决了这一问题，从而避免对空气环境造成大量的污染。所以在智低碳电力系统运行的过程中，要充分结合智能电网技术，将其优势和作用进行充分的发挥，提升该系统的运行性能。那么在保证低碳电力系统稳定的运行方面，智能电网是重要的支撑力量，本节就针对其支撑的作用展开以下概述。

一、智能电网解析

（一）智能电网的优势

智能电网在电力发电的过程中，起到了非常重要的作用，尤其是在低碳电力系统运行中，可以有效降低能源的大量消耗，避免对空气环境造成严重的影响。那么智能电网在应用的过程中，其具有的优势可以从以下六个方面体现：（1）智能电网有效地实现用户与电网之间的互动形式，将电力服务模式有效地进行优化，从而有效提升用户的用电质量和性能；（2）智能电网的应用对能源结构的使用进行了有效的优化，使能源与能源之间产生互补的效果，从而在最大程度上保证了电力发电的稳定性，为用户提供了稳定的用电性能；（3）智能电网的应用有利于清洁型能源的开发和利用，有效地减少二氧化碳等污染气体的大量排放，从而实现了低碳经济的效益；（4）智能电网作为重要的电网技术，有效地提升能源的利用效率，保障了电力传输和用电的稳定、安全等性能；（5）在智能电网不断发展和应用的过程中，也有效地推动了相关行业以及技术的不断发展和创新，这样对我国电网行业的发展是非常有利的；（6）智能电网在低碳电力应用和发展的过程中，最为重要的一点就是有效地实现了用户与电网之前的联系，形成了双向互动的模式，从而对传统的电力服务模式进行了全面的转化，提升了电力服务的水平和质量，针对用户的用电效率的提升，起到了非常重要的作用和意义。

（二）智能电网的特点

（1）智能电网中主要以电网协调、电力储蓄、智能调度、电力自动化的技术等方面，作为重要的应用基础。在运行的过程中，通过良好的控制性能，可以使电流运行过程更加的灵活，提升电力系统良好的经济效益；（2）在智能电网系统应用的过程中，通过利用信息、传感器、自动控制技术等形式，加强了电力系统和电力用户端的融合，以此实现了节能电网的功能。同时在智能电网系统应用的过程中，对电力系统运行的状态，可以进行全面的了解和监控，对其发生的故障可以在第一时间上报，并且将其故障进行隔离，这样在一定程度上有效地实现了自我修复和运行的功能，避免发生大面积的电力故障；（3）传统的电力发电的服务模式主要是由单项的服务模式展开的，这样在电力系统运行的过程中，就会带来一定程度上的弊端。但是，智能电网在低碳电力系统应用的过程中，通过利用相应信息技术，将单项服务模式逐渐的转向双向服务模式，这样对用户想要了解用电量、电价详情、电力质量的时候，提供了相对便利的条件，这对我国电力系统的发展，起到了非常重要的作用；（4）传统的发电模式运行的过程中，主要是利用煤炭的形式进行发电工作，这样就会产生大量的能源消耗，对环境也会造成严重的影响。因此智能电网在低碳电力系统应用的过程中，主要是对清洁能源进行了全面的开发和利用，例如太阳能、光能、风能等一些可以再生清洁能源，这样可以有效地避免大量能源的消耗，避免对其环境造成严重的影响，也有效地满足了我国低碳、环保型社会的发展要求；（5）智能电网在低碳电力系统应用的过程中，对其能源使用的结构进行全面的完善，同时多项能源可以一起进行发电工作，这样各项能源不仅仅是起到了互补的优势，也在最大程度上保证了能源在发电和传输时候的稳定、安全的性能。另外，由于智能电网在我国电网中得到了广泛的应用，对电力存能以及电力自动化等一些电网技术进行了全面的转变整合，这样在电网运行的过程中，对其运行形式进行了有效的控制，避免大量能源的损耗。同时，智能电网在低碳电力系统应用的过程中，可以有效地使用多个分布式电源和微电网的形式，这样在对其设备控制的时候，其性能会有着很大程度上的提升，充分展现了智能电网在低碳电力系统中的优势，也为我国电力系统的发展提供了重要的技术支持。

二、智能电网对低碳电力系统的支撑作用分析

（一）节能电源

太阳能、风能属于可再生能源，也叫作清洁型能源，也是我国电力系统发展的过程中，重要的应用能源。在传统发电的过程中，主要是通过煤炭能源的形式进行发电，这样就对空气环境造成大量的污染。然而，在智能电网在低碳电力系统应用的过程中，主要是利用可以再生的清洁型能源，从而有效地减少了煤炭的排放，避免对空气环境造成大量污染，也实现了低碳电力系统运行的形式。同时，智能电网在低碳电力系统应用的过程中，主要是利用电网调度、协调、控制、节能等技术形式，从而对清洁型能源进行有效的应用，这样不仅仅有效地提升了低碳发电系统的经济效益，也充分展现了智能电网在低碳电力系统中应用的优势。

（二）提升电力系统运行效率

智能电网在低碳电力系统应用的过程中，主要是利用先进的电网技术，加强对电网运行的控制，对其故障进行快速的解决和隔离，这样不仅有效地提升低碳电力系统运行的效率，也可以有效地避免发生大量能源消耗。同时，智能电网在低碳电力系统应用的过程中，通过利用电力调度技术，对低碳电力系统中的各个方面，进行全面的优化。同时，根据智能电网所监测的供电运输信息，可以全面地了解对清洁型电力能源的使用情况。并且针对用户用电的情况，对低碳电力系统用电的情况进行全面的控制，从而在最大限度上满足人们日常用电的需求，提升了可以再生清洁能源的利用，避免大量能源的损耗。

（三）用户端节能

用户端节能是智能电网在低碳电力系统应用过程中重要的应用形式，主要是利用降压节点和电压控制等方面的技术形式，有效地实现用户端节能的效果。同时，在应用的过程中，利用用电信息反馈等技术形式，这样可以对低碳电力系统进行有效的优化，通过用户日常的实际用量，对用户端的电力运输进行全面调度和控制，这样用户端不仅起到了节能效果，也充分地展现了智能电网在低碳电力系统的支撑作用。

（四）降低电力运行成本

在低碳电力系统运行和建设的过程中，需要的成本和资金是非常高的。因此，智能电

网在低碳电力系统应用的过程中，对其成本也进行了有效的优化，避免发生成本浪费的现象。同时，在成本优化的过程中，有效地实现清洁生产、降低能源发生大量的损耗等现象。并且智能电网在低碳电力系统应用的过程中，满足了对资金成本的需求，减少电能的损耗，加强能源的利用，这样可以将省下来的资金投放到其他开发项目中，这样不仅充分展现了智能电网在低碳电力系统中的节能效果，也有效地提升了我国电网系统的经济效益。

（五）提升电网的服务水平

智能电网在低碳电力系统应用的过程中，对其电网也进行了有效的优化，尤其是电网的服务水平。其实在应用的过程中，主要是利用用户与电网之间的有效连接以及良好的互动形式，这样对电网的营销业务也有着很大程度上的提升。同时，智能电网在低碳电力系统应用的过程中，对其服务平台也进行了全面的构建，这样不仅提升了电网的服务水平，也有效地提升了用户的用电效率。

从电力行业发展的角度来说，智能电网不仅仅是低碳电力系统运行中强有力的支撑，也为我国电力系统发展带来了良好的发展平台。本节针对智能电网的优势和特点，对低碳电力系统中支撑作用进行了简要的分析和阐述，并且通过简要的论述和分析，介绍智能电网在低碳电力系统中的应用，可以有效地实现对节能电能的利用，避免大量能源的消耗，提升了我国空气环境的质量，也在最大程度上保证了用户的用电的质量和稳定等性能，更进一步提升了我国电力系统的经济效益。

第五节　电力系统电气工程自动化的智能化运用

智能技术在电力系统中电气工程自动化上的应用，改变了电气自动化系统的控制与管理方式，提高了系统的工作效率，通过对智能技术在电气自动化中的实际应用设计理念进行分析，探究了电气自动化技术中智能技术的实际应用情况，最后分析了智能技术在电气自动化中运用的发展方向。

智能技术作为当前计算机技术发展的重要内容，在电力工程系统中自动化也得到了广泛的应用，在很大程度上促进电力自动化的发展，提升了电气工程化的水平。但是，由于智能技术的发展还不够成熟，导致电力系统中的电气工程自动化的智能水平还存在一系列的问题，只有深入的分析这些问题，才能有效地促进电力系统工程自动化的发展。

一、电气自动化智能控制系统在电力工程中的设计理念

电力自动化智能控制技术主要功能是研究智能技术在电力自动控制系统中的应用，包括电气电子技术、电力自动化系统的数据与信息的收集等工作，智能化技术在电力自动化系统中的应用，他们能够有效地安排电力系统的人力资源，提供系统的工作效率，降低电

力系统的危险情况的发生。

（一）集中监控式设计理念的应用

智能技术在电力自动化系统中的应用，能够改变电力自动化系统的工作方式，集中监控式的设计，就是智能技术能够集中的对系统设备进行控制，在电气工程中的应用集中式控制技术，使得电力自动化系统的运行维护方便，操作也比较简单，而且智能技术对电力控制的要求不高，集中式设计与控制比较方便。集中式监控技术主要是利用一个处理器将系统电力自动化系统中的各项数据集中起来进行处理。因此，在集中式监控系统设计中，需要选择高效的处理器，保证电力自动化系统能够稳定的工作。采用集中式监控设计理念，可以有效地对电力系统中监控对象的增多，电缆数量的增加，提高电力自动化系统主机的工作效率具有十分重要的作用。

（二）智能化远程监控式设计理念的应用

智能化远程监控式设计的功能是采用智能技术有效地对电力自动化系统进行自动化的管理。这样，可以有效地提高电力自动化系统的数据处理效率，减少电力自动化系统的材料投入，可以有效地降低设备费用，使得电力自动化系统的状态灵活，性能可靠，数据处理更加方便。采用智能化远程监控式设计可以有效地提高电力自动化系统的工作效率，有效处理因通讯量增大数据处理繁杂的问题，有效地处理电力自动化系统中的数据安全问题。也有效地实现了电力自动化系统中机械问题的智能化操作与管理，使得电力自动化变得更加安全与稳定。

（三）人工智能技术在电力自动化系统的应用

采用人工智能技术能够实时的对电力自动化系统中的问题进行分析，利用智能专家系统可以及时地对电力自动化系统中出现的问题进行分析与处理，能够实时地对电力自动化系统运行的数据进行管理与采集，通过模拟真实的电流与系统的运行情况，自动生成电力自动化系统的电力使用趋势图。通过人工智能对电力自动化系统的参数进行在线设置与修改，模拟电力自动化系统数值及数据开关，对电力系统的运行进行自动化的监控。同样地，采用人工智能技术能够有效地实现对电力系统运行自动化管理与控制，自动化的生成电力系统运行的工作日志、运行曲线，电力电量的报表、数据的存储等功能。

二、智能技术在电力自动化系统的应用

智能技术在电力自动化中的应用，改变了电力系统的工作方式，提高了系统的工作效率，也转变了电力自动化系统的工作方式，实现了电力自动化的智能化管理。

（一）智能化神经网络系统在电力自动化系统中的运用

神经网络是智能化技术的重要技术，在电力自动化系统控制中具有良好的应用前景，

神经网络能够对电力自动化系统中的定子电流变得电气动力参数、转子速率辨别参数进行控制，它与自动控制技术相融合，形成电力系统的智能控制系统，"非线性"控制是智能化神经网络系统的重要特征，是有类似人类的神经元组成，它具有良好的信息处理能力，同时还具有自动的管理能力、组织学习能力，在电力自动化系统中有广泛应用，能够快速的诊断电力系统中出现的问题，对电力控制系统具有良好的传动效果，实时的对电力系统进行控制与管理。

（二）电气工程自动化中智能控制技术的综合运用

在电力电气自动化系统中，专家体系控制技术是常用的方式之一，能够自动的对电力系统中的问题进行分析，自动化处理与修复电力电气固化的问题，减少电力系统故障发生的情况，并及时地对电力电气化系统出现的严重故障进行报告，帮助电气自动化系统的维修人员能够及早地解决问题。通过智能专家系统，还能够及时地对电力通信系统中因为信号延迟而带来的电力系统故障的问题，提高电气系统的稳定性。线性最优控制技术在电气自动化中的应用是十分广泛的，能够有效地提高电气自动化系统的信号传输问题，解决电气系统中因为信号传输距离而减少弱化的问题。通过采用最优励磁控制技术可以代替传统的励磁技术，改善电气系统中的电能质量的问题，提高了电气系统的自动化速度，有效地降低了电力系统运行时存在的风险。

（三）电气自动化系统中模糊控制技术的运用

模糊控制技术是通过建立模糊模型来分析电气系统在运行过程中的管理方式，进行实现对电力系统的自动化控制技术，模糊技术在家用电器中得到了广泛的应用，因为它简单方便，能够快速地对电气系统出现的问题进行控制与管理。在电力系统中，通过模糊逻辑控制技术，能够快速地对电气系统中的问题进行数学建模，分析电气系统出现故障的位置及故障的类型，模糊技术与神经网络技术的结合，能够智能化的对电气系统中的发电机故障进行测试诊断，通过模糊计算与处理，快速地对电机故障进行定位处理，为故障的解决提供帮助与指导。

三、智能技术在电气自动化应用中的前景

（一）提升了电气系统的性能稳定性

智能技术在电气自动化中的运用，能够提高电气自动化系统的运行效率，提高电气自动化系统运行的速度、提高系统的运行效率，能够精准地对电气自动化系统中出现的问题进行分析，提高了电气系统的工作性能。

（二）功能性的应用前景

在电气系统中运用智能化的处理技术，可以将自动化处理技术、图形化、可视化技术、

多媒体技术综合地运用到电气系统中，在用户界面能够智能化地显示出来，提高用户使用的便捷性，能够有效地实现电气系统的智能化、综合化的处理方式。

（三）促进电气系统结构的发展

智能化控制技术在电气自动化中的应用，促进了电力电气自动化系统向集成化、模块化、网络化、智能化的方向发展，使得电气自动化系统能够智能化地对电力运行中出现的问题进行分析，实现电气系统的联网集中工作，这样方便用户对电力电气系统进行管理与操作，实现电气系统地界面化的管理方式，不仅提高了电气系统结构的转变，同时也提高了电气系统的稳定性。

智能化控制技术在电力电气化系统中的应用，促进了电气自动化系统的发展，改变了电气自动化系统的控制与管理方式，提高了系统的工作效率。但在电气自动化系统中运行智能化技术，要结合实际情况，综合的考虑智能化技术运用的效率，逐步推进电气自动化技术中智能技术的应用。

第六节　电力系统智能装置自动化测试系统的设计应用

电力系统进入了智能变电技术全面发展的时期，而各项智能变电站关键技术研究的不断深入，新建智能变电站的规模和电压等级都再创新高，对智能变电站系统的测试技术研究需求也更为迫切。从目前电力系统自动化检测技术和测试手段来看，对智能变电站系统级的网络性能、稳定性及可靠性等测试项目涉及较少，还没有形成一定测试方法和标准，因此需要不断研究探索更有效、更先进、更全面的智能变电站系统测试技术和测试方法，才能满足智能变电站技术发展及国家电网公司"十三五"电网智能化规划中建设坚强智能电网的要求。

随着电子计算机技术的不断进步，变电站中继电保护电子化趋势越发明显。传统的人工继电保护方式不仅占用过多的劳动力，同时还存在效率低下，故障率较高的缺点。电子信息技术的发展为继电保护装置带来了新的设计思路，因此也需要新的自动测试系统设计进行辅助。

一、智能变电站系统测试特点

（一）系统的通信网络性能测试地位凸显

智能变电站作为建设统一坚强智能电网的重要组成部分，它将变革传统变电站一、二次设备的运行方式，每套一次设备的保护和测控装置均需运行于网络，二次设备所需的电流、电压和控制信号，以及保护和测控装置在运行中产生的所有数据，又都以统一的通信规约与网络进行交换，形成了一个不可分割的整体，整个系统架构中的信号传输全部采用数字方式。例如，在过程层采用以太网的智能变电站中，GOOSE 网络实际上相当于传统变电站中保护测控装置的跳合闸回路，网络出现问题相当于保护失灵，此时如果发生电力系统故障，就会出现保护动作但跳闸报文无法传输，从而导致断路器无法及时跳开，造成相当于拒动的严重后果。如果网络出现异常、误发动作报文，有可能造成误动出口的问题，所以通信网络的建设质量和性能决定了智能变电站运行的可靠性。与传统变电站相比，智能变电站中的通信网络在结构、功能、性能和重要性等方面都存在差异。

（二）通信规约及信息建模标准化测试。

IEC 61850 标准的应用就是使变电站系统网络化和数字化的过程。这一过程使智能变电站赋予了新的工作内涵，也对智能变电站系统测试工作提出了全新的要求和规范，即不仅需要根据 IEC 61850 标准测试和验证系统中的硬件、软件，还需对系统中使用设备的配置文件、系统数据和信息模型文件进行测试和验证。

二、变电站继电保护装置测试系统的评价

（一）人工测试系统

变电站的继电保护人工测试系统主要是根据对继电保护装置不同功能的测试数据的综合统计，给出保护装置的最终测试结果。每一项性能的具体数据有人工手动测量和录入分析。其测试过程包括：输入国电保护电流的模拟量，连接跳闸口和测试仪，手动测试，连线测试和结果分析输出等。最后，根据测出的结果计算误差并计入测试报告。整个过程全程需要人工实现。但是在实际的操作中，往往出现由于测试工人没有根据保护功能调整测试方案、测试技术不合格等问题，再加上配合中也存在一定的人工误差，导致测试结果与实际数据存在差距。

（二）自动测试系统

由于当前国家电网一直在实行供电智能化改革，因此，变电站作为输变电工程的主要工程点，参与智能化、自动化技术改革势在必行。国家电网对于传统的 ICE61850 保护装置有过技术规约的要求，所以当前我国大多数继电保护自动测试系统都是基于上述规约进行研发的，以方便电网内部的网络的假设和信息的调取以及传输。

此外，由于技术革新后的电网连接已经由电缆升级成光缆。因此，传统的人工检测系统难以满足测试技术要求。这就需要建立符合技术标准的智能化继电保护自动测试系统。智能化自动测试系统自带解析软件，能充分提取并解析出保护装置生成的 ICD 文件（能力描述文件），测量出定值、压板、保护行为等具体动作，再结合数据库中的已生成脚本进行对比，得出测试结果和分析报告。自动测试系统不仅是检测装置，同时还带有一定的

预警功能。

三、测控智能装置在电力系统自动化中的发展应用

综合看来，在电力系统自动化发展中，该测控智力装置搭配计量芯片，并采纳了带有高性能表征的新式单片机。具体运用方面，对于精准数值电流、电能关联的若干参数及对应的电压率，计量必备芯片都可以进行精准测控，单片机范畴的配件保护，拟定通讯性能，且包含人机接口，由双层级架构中的互感器，对三相电压信号、配套电流信号快速予以降幅，从而使其满足系统运行的需求；拟定好的体系保护精度、测控精度有着一定的差异性，从而通过对处理模块，使得可以变更成许可的电流电压，促进了对系统运行方面的完善。

对于传统架构中的测控疑难，借助智能测控途径进行了有效化解，从而使其带有自动化范畴的多重优势，符合系统未来发展的趋向。除此之外，该装置运用中，开关量配有的多重路径端口，形成了对反相器的有效衔接，对体系内的继电器进行了直接管控。此外，在分配整合成模拟量的必备通道方面，其通过布设了六种特有的引脚来完成，从而将它们设定成模拟量关联的输入路径，结合这一方式搭配为串行架构中的这类引脚，测控智能装置体系供应了某一接口来完成，经由成套接口，单片机实现了对寄存器的便捷访问。借助此操作方式，即可实现对体系频率参数、电能必备参数，及带有精准特性的功率数值的准确获取，为完善测控智能装置于电力系统自动化发展中的运用奠定了基础。

伴随着智能用电行业的快速发展和智能用电产品的快速更新，智能用电采集自动化测试系统在对产品质量把控和提高测试效率方面必将发挥自己的独特作用。由于市场对产品的交付周期不断加快和对产品成本的不断压缩，这样一款可以快速实现自动化测试的测试系统对于缩短整个项目周期、节省测试成本有着直接的效应，这也就决定了它必将是测试市场和业界所需要的。